Eine Untersuchung zum Einfluss der Kopf-Hals-Haltungen
auf Gelenkwinkel der Hintergliedmaße mit dem
Bewegungsanalysesystem Simi und dem Tekscan®-Hoof™System

Bibliografische Information der Deutschen Nationalbibliothek

Die Deutsche Nationalbibliothek verzeichnet diese Publikation in der Deutschen Nationalbibliografie; detaillierte bibliografische Daten sind im Internet über http://dnb.d-nb.de abrufbar.

1. Aufl. - Göttingen : Cuvillier, 2012

Zugl.: (TiHo) Hannover, Univ., Diss., 2012

978-3-95404-113-8

Nonnenstieg 8, 37075 Göttingen

Telefon: 0551-54724-0

Telefax: 0551-54724-21

www.cuvillier.de

1. Auflage, 2012

Gedruckt auf säurefreiem Papier

978-3-95404-113-8

Tierärztliche Hochschule Hannover

Eine Untersuchung zum Einfluss der Kopf-Hals-Haltungen auf Gelenkwinkel der Hintergliedmaße mit dem Bewegungsanalysesystem Simi und dem Tekscan®-Hoof™-System

INAUGURAL – DISSERTATION
Zur Erlangung des Grades einer Doktorin
der Veterinärmedizin
- Doctor medicinae veterinariae -
(Dr. med. vet.)

vorgelegt von
Anna Kattelans
Emmerich

Hannover 2012

Wissenschaftliche Betreuung: Univ.- Prof. Dr. med. vet. P. Stadler
Klinik für Pferde

1. Gutachter: Univ. - Prof. Dr. med. vet. P. Stadler

2. Gutachter: Univ. - Prof. Dr. med. vet. I. Nolte

Tag der mündlichen Prüfung: 22.05.2012

Meinen Eltern

und

meinem Bruder Martin

gewidmet

Inhaltsverzeichnis

Abkürzungsverzeichnis

<	kleiner als
>	größer als
°	Grad
%	Prozent
Abb.	Abbildung
bzw.	beziehungsweise
BWZ	Bewegungszyklus
d.h	dass heißt
evtl.	eventuell
FEI	Fédération Equestre Internationale
F_{max}	maximale Kraft
F_x	medio-laterale Bodenreaktionskraft
F_y	anterior-posterior Bodenreaktionskraft
F_z	vertikale Bodenreaktionskraft
GRF	Ground reaction force
H. Dv. 12	Heeresdienstvorschrift 12
HNP	Head Neck Position
HR	hinten rechts
Jh.	Jahre
Hz	Hertz
KMP	Kraftmessplatte
L	lumbale Wirbelsäule
LED	Light Emitting Diodes
m	Meter
mm	Milimeter
m/s	Meter pro Sekunde
Max.	Maximum
Min.	Minimum
min.	Minute

ROM	Range of Motion, Bewegungsspanne
S	sakrale Wirbelsäule
S	Schritt
s.	siehe
s.S	siehe Seite
s.g	so genannte
sec.	Sekunde
t	Zeit
T	Trab
Tab.	Tabelle
Th	thorakale Wirbelsäule
u.a	unter anderem
vgl.	Vergleiche
v.Chr.	vor Christus
VL	vorne links
z.B	zum Beispiel
z.T	zum Teil
α AO	Winkel Atlantooccipital
α CT	Winkel Cervicothorakal
α FG	Winkel Fesselgelenk
α HG	Winkel Hüftgelenk
α KG	Winkel Kniegelenk
α SG	Winkel Sprunggelenk
α SN	Winkel Stirn-Nasenlinie

1 Einleitung

Bereits in der Antike wurden Reitlehren entwickelt, in denen die Kopf-Hals-Haltung des Pferdes beschrieben und beurteilt wurde. Seitdem existiert dazu eine umstrittene Diskussion. Im 18. und 19. Jahrhundert orientierten sich einige Reitmeister und später Stallmeister von Kaiser Wilhelm II. bei der Ausbildung und Reitweise an der „Natur“ des Pferdes und haben insbesondere die natürliche Haltung des Pferdes diskutiert. Begründet wurde dies mit Erkenntnissen der Anatomie sowie der Muskelphysiologie. Die natürliche Haltung des Pferdes sollte dabei auch für die Bewegung unter dem Reiter richtungsweisend sein und mit Losgelassenheit bei adäquater Anlehnung einhergehen. Diese Kriterien sind, zumindest in den Richtlinien für Reiten und Fahren, auch heute noch die Basis für eine solide Ausbildung des Pferdes. In bestimmten Perioden der Reithistorie bzw. durch einzelne Ausbilder wurde immer wieder von der klassischen Dressurhaltung abgewichen und in der zweiten Hälfte des 20. Jahrhunderts entwickelte sich zunächst im Springsport und ab den 80´er Jahren auch im Dressursport bei einem großen Teil der Reiter die übermäßige „Hyperflexion“ des Halses (Rollkur) zum Dogma. Sie wird unter anderem als vorübergehende Position in der Ausbildungsphase der Remonte, zur Korrektur bestimmter reiterlicher Mängel sowie zur Förderung der „Gymnastizierung“ des Rückens in der täglichen Arbeit eingesetzt. Darüber hinaus soll diese Kopf-Hals-Position bei in der Ausbildung fortgeschrittenen Pferden, die auf vermehrte Hankenbeugung abzielende Versammlung fördern und damit eine bessere Aktivität der Hinterhand erzeugen als dies bei aufgerichteten Pferden möglich ist. Das soll bei Erhaltung oder angeblich sogar Optimierung der „Losgelassenheit“ (JANSSEN 2003; BREDA 2006) geschehen können.

Diese Veränderungen in der internationalen Reiterszene und die damit verbundene vehemente Kritik waren Anlass für diverse bewegungsanalytische Untersuchungen. So wurde der Einfluss unterschiedlicher Kopf-Hals-Positionen auf die Kinematik und Kinetik des Rückens und auf die Hintergliedmaße ermittelt (RHODIN et al. 2005, 2009; GÓMEZ ÁLVAREZ et al. 2006, 2007). Insbesondere wurde hier mittels einer Kombination aus Infrarotkameras und ins Laufband integrierter Kraftmessplatten die

Bewegungen des Rückens, die Extension und die Flexion, die horizontale Bewegungsspanne und die axiale Rotation untersucht. Ziel der vorliegenden Arbeit ist es, die Auswirkungen dreier Kopf-Hals-Positionen auf die Kinematik und Kinetik der Gliedmaßenmotorik mittels vergleichsweise kostengünstiger dreidimensionaler Hochfrequenzvideoanalyse der Fa. SIMI in Kombination mit dem Tekscan®-Hoof™-System kinematisch und kinetisch zu untersuchen und diese Systeme auf Anwendbarkeit in der Bewegungsanalyse beim Pferd zu prüfen.

Die Hochfrequenzkinematographie ermöglicht eine hoch aufgelöste Darstellung des Bewegungsablaufes. In Kombination mit einem individuell an den Pferdehuf angepassten Druckmesssystem besteht die Möglichkeit einer synchronen oder asynchronen Analyse von Gliedmaßenmotorik und Kraftverteilung. Dabei sollen in der vorliegenden Studie die Veränderung des atlantooccipitalen und des cervicothorakalen Winkels sowie der Winkel des Hüft-, Knie-, Sprung- und Fesselgelenks in Abhängigkeit von drei Kopf-Hals-Positionen und das Ausmaß der vertikalen Bewegung des Rückens untersucht werden. Die Hypothese von BÖTTICHER (1878), dass insbesondere die tiefe Kopf-Hals-Position (Hyperflexion) zu einer gesteigerten Protraktion der Hintergliedmaße unter den Schwerpunkt führt, ist zu überprüfen. Außerdem stellt sich die Frage, ob, wie von BÖTTICHER 1878 beschrieben, der Winkel des Hüftgelenks in der tiefen, zur Brust hingezogenen Kopf-Hals-Position die maximale Größe annimmt, die Winkel des Sprung- und Fesselgelenks hingegen kleiner werden. Nicht nur BÖTTICHER ging von einer zunehmenden Belastung der Vorhand im Rahmen der tiefen Einstellung aus. Dies ist im Rahmen der kinetischen Untersuchungen der vorliegenden Studie zu überprüfen.

Die Ergebnisse sollen einen weiteren Beitrag zu der historischen, aber nach wie vor aktuellen Frage zur Interaktion zwischen Kopf-Hals-Position und den Gelenkwinkeln vom Hüft- bis zum Fesselgelenk sowie zur Bewegung des Rückens leisten.

2 Literatur

Die vorliegende Arbeit geht der Frage nach, welche Auswirkungen unterschiedliche Kopf-Hals-Positionen auf die Gliedmaßenmotorik des Pferdes haben können. Vor dem Hintergrund dieser Frage sind drei unterschiedliche Aspekte zu berücksichtigen: 1. Die vorhandenen Reittheorien, d.h. die theoretischen Grundlagen für die praktische Umsetzung des Reitens (Kapitel 2.1); 2. Die Biomechanik als Grundlage (Kapitel 2.2); 3. Die Bewegungsanalyse mit Hilfe der Kinematik und Kinetik zur Erfassung der Biomechanik (Kapitel 2.3).

2.1 Reittheorien

Die Auswirkung unterschiedlicher Reittheorien, insbesondere der Kopf-Hals-Position, auf biomechanische Abläufe im Bereich der Wirbelsäule und der Hintergliedmaße sollen untersucht werden.
In der heutigen Zeit ist unter Reitern, Trainern, Tierärzten und Funktionären die Diskussion über das „richtige“ Verständnis des Reitens nicht beendet. Deshalb soll zunächst ein Überblick über historische und aktuelle reittheoretische Auffassungen gegeben werden.

2.1.1 Die klassische Reitkunst

Die Wurzeln der Reitlehre reichen bis in die Antike zurück. Bereits 430 v.Chr. wurden in der Reitlehre der „Reitoberst“ von Xenophon die Grundlagen für ein losgelassenes, versammeltes Arbeiten mit dem Pferd festlegt.
Zur klassische Reitkunst gehört unter anderem die *Heeresdienstvorschrift 12* (H.Dv.12), welche Reitinstruktionen aus den Jahren 1882 bis 1937 zusammenfasst und grundlegend auf Gustav Steinbrechts Werk „Gymnasium des Pferdes“ zurückgeht. Die *H.Dv.12* befasst sich mit der Ausbildung von Pferden und Reitern für den Einsatz in Kavallerieeinheiten und orientiert sich an der Natur des Pferdes. Steinbrechts Maxime in der Ausbildung der Pferde beinhaltet unter anderem, das

Pferd vorwärts und gerade gerichtet zu reiten. Sein Leitmotiv ist geprägt von Ruhe, Geduld und Nachgeben und stellt die Basis der klassischen Reitkunst dar.
Die *Reitvorschrift 1937* stellt die Überarbeitung der *H.Dv.12* dar und fordert höchste Leistungsfähigkeit für die Kavalleriepferde, um sie möglichst lange und gesund einsetzen zu können. Zum Erreichen des in der Dressur geforderten äußeren Erscheinungsbildes ist die Erhaltung und Förderung der natürlichen Anlagen Bedingung. MEYER (2008) sieht als oberstes Ziel der in der Ausbildung befindlichen Pferde die Losgelassenheit, „ohne welche ein Schwingen des Rückens nicht möglich ist".
Die Ausbildungsziele Takt, Losgelassenheit, Anlehnung, Schwung, Geraderichten und Versammlung sind bis heute in Form der Richtlinien der Deutschen Reiterlichen Vereinigung in der Skala der Ausbildung enthalten und stellen die Grundlage eines systematischen Trainings von der Remonte bis zum Grand-Prix-Pferd dar (STODULKA 2006).
Diese Richtlinien stammen aus den Jahren 1954, 1980, 1994 und beschreiben die Grundausbildung für Reiter und Pferd im Band 1 der Deutschen Reiterlichen Vereinigung (DEUTSCHE REITERLICHE VEREINIGUNG 1997).

2.1.2 Die „moderne Reitweise"

Abweichend von der klassischen Reitweise werden seit vielen Jahren Dressur- und Springpferde im nationalen sowie internationalen Sport mittels einer besonderen Reitweise vorbereitet. Diese Reitweise, als „Überzäumung", „Hyperflexion", „LDR"- (Low, deep, round) oder auch „Rollkur" bezeichnet, ist definiert „als eine Trainingsmethode, welche auf die gezwungene Biegung des Halses und des Genicks hinter der Senkrechten abzielt, sowohl bei tiefer als auch hoher Position des Halses". Eine als „extrem - eingestufte Überzäumung, bei der das Pferd die Stirn-Nasen-Linie etwa 20 Grad und mehr hinter der Senkrechten trägt" (MEYER 1996).
Bekannt ist die Methode seit dem Mittelalter und früher. Im 19. Jahrhundert wurde diese Kopf-Hals-Position sogar im Stand von Francois Baucher (1796-1873) praktiziert. Auch Paul Plinzner ist ein bekannter historischer Reitmeister, der sich dieser Reitweise bediente.

Die Bestätigung durch große Erfolge im internationalen Spitzensport seit den 60er-Jahren des letzten Jahrhunderts unterstützen und veranlassen viele Reiter die Überzäumung, bei meist tiefer Position des Halses, konsequent anzuwenden (MEYER 2008).

Abb. 1:
Beispielhafte Darstellung der modernen Reitweise anhand eines Turnierpferdes. Quelle: http://reingeritten.de/rollkur-bzw-hyperflexion

MEYER (1996) unterscheidet zwischen dem Aufrollen des vorderen Abschnitts des Halses mit einem am Widerrist aufgerichteten Hals und dem Aufrollen mit einem am Widerrist gesenkten Hals. Ersteres bezeichnet er als „atlantooccipitale Flexion", welche eine reduzierte Losgelassenheit bei nach unten abgesenktem Rücken und das nur noch begrenzte Vorgreifen der Hinterbeine nach sich ziehe. Durch die begrenzte Schulterfreiheit würden die Bewegungen bei normalem oder reduziertem Tonus schleichend, bei erhöhtem Tonus höher und eiliger. Die letztere, als „cervicothorakale Extension" bezeichnet, führe durch den Zug an den Bändern und Muskeln der Dornfortsätze sowie an den Rückenmuskeln zu einem straffen bis nach oben gewölbten Rücken. Eine gleichzeitige Erhöhung des Muskeltonus durch die übermäßig treibenden Hilfen des Reiters lasse die sogenannten „Schwebetritte" entstehen und durch die mangelnde Losgelassenheit im Rücken komme es schließlich zu einem verminderten Untertreten der Hinterhand. Das begrenzte Vorführen der Vorderbeine sei durch die eingeschränkte Motorik des Musculus brachiocephalicus verursacht und stelle zusammen mit der Verspannung der Rückenmuskulatur eine weitere Folge des Aufrollens dar (MEYER 1996). Dieses beschrieben auch schon BÜRGER und ZIETSCHMANN (1939). Zunächst sei die Muskulatur, später aber auch Bänder und Knochen betroffen. Bei einem dauerhaft extrem eng, d.h. in „Hyperflexion“ gearbeiteten Pferd wirke der konstante Zug am Nackenband über das Rückenband blockierend auf die Brust- und Lendenwirbelsäule. Vor allem der Schritt leide unter dieser Blockade. Es entstehen Taktfehler. Die Trabmechanik wird schwebend, da der lange Rückenmuskel im Lendenbereich dauerhaft kontrahiert (BALKENHOL et al. 2003).

Auch MEYER (1996) sieht sowohl in der extremen Form der Aufrichtung des Halses, als auch in der unzweckmäßigen Spannung bei der extrem engen Einstellung nicht nur den Grund für Erkrankungen im Halsbereich, sondern auch im Rücken. Dieses führe zu Schäden an den Sehnen und Bändern, an deren Ansatzstellen, an den zusammengepressten Wirbeln und Zwischenwirbelscheiben sowie an der Ansatzstelle des Nackenbands, dem Hinterhauptsbein. Die oben beschriebene Arbeitsweise der Pferde steht im Gegensatz zur traditionellen Vorgehensweise, welche im Verhaltenskodex der FEI festgehalten ist.

Im Gegensatz zu dieser Reitweise fördere der vorwärts gedehnte Hals, der durch ein Wechselspiel von Anspannung und Entspannung den Rücken zum Schwingen bringt, einen taktsicheren Bewegungsablauf und führe zu physischer und psychischer Entspannung (DENOIX u. PAILLOUX 2000).

Einige Studien der letzten Jahre zum Einfluss unterschiedlicher Kopf-Hals-Positionen auf die Biomechanik der Gliedmaßen sowie auf die Atmungsorgane und auf das Verhalten haben die FEI dazu veranlasst, zwischen der „Rollkur“/ „Hyperflexion“ einerseits und dem „low, deep, round“ andererseits zu differenzieren. Die „Rollkur“ oder auch die „Hyperflexion“ beschreiben eine extrem gebeugte, intolerable Position, die durch gewaltsame und aggressive Einwirkung erreicht wird. Wird die gleiche Kopf-Hals-Position auf schonende Art und Weise erreicht, so spricht man von „low, deep, round“ (FEI 2010). In einem neuen Anhang (XIII) der FEI-Dressurrichtlinien für die Aufsicht auf Turnierplätzen, sind die drei erlaubten Techniken für die Dressur, die außerhalb der Prüfung angewendet werden dürfen, zusammengefasst. Diese erlaubten Techniken können sowohl im Stand als auch in der Bewegung durchgeführt werden und unterscheiden sich hinsichtlich der Dehnung des Halses (Abb. 2). Die Nasenlinie bleibt dabei hinter der Senkrechten und weicht von den klassisch überlieferten Kopf-Hals-Positionen ab.

Long, deep, round | Low, deep, round | Long and low

<u>Abb. 2:</u>
Die in Anhang (XIII) der FEI-Dressurrichtlinien erlaubten drei Reittechniken für die Dressur.
Quelle: www.fei.org

2.1.3 Historische und zeitgenössische Beobachtungen

2.1.3.1 Bötticher 1878

Bereits 1878 hat BÖTTICHER Beobachtungen zu den Auswirkungen von unterschiedlichen Kopf-Hals-Positionen auf die Kinematik der Wirbelsäule und die Hintergliedmaße geliefert. Zum einen beschreibt BÖTTICHER, dass der Rücken und die Lende gesenkt werden (Extension), wenn das Genick zum höchsten Punkt wird. Dementsprechend wird die Stellung des Beckens flacher, die Winkel des Hüftgelenks spitzer und die des Sprung- sowie Fesselgelenkes werden größer.

Bei der Hyperflexion in die Tiefe, die einer mehr oder weniger widerstrebenden Stellung und Bewegung der Kopf-Hals-Region entspricht, verhält sich der Körper des Pferdes nach BÖTTICHER entgegengesetzt: Rücken und Kruppe heben sich (Flexion), der hintere Teil des Beckens senkt sich und dadurch wird das Hüftgelenk erweitert. Das Becken wird durch das Auseinanderstellen der Hinterbeine in seiner Position steiler und Sprung- und Fesselgelenkswinkel werden spitzer, also kleiner und diese Gelenke wirken wie „zusammengepresst". Somit wird die Hintergliedmaße unter den Bauch hervorgebracht und der Schwerpunkt wird nach BÖTTICHER auf die Vordergliedmaße verlagert. Somit wird es dem Pferd im Trab möglich, eine hüpfende Bewegung zu machen, welche durch die Schnellkraft der Fesselgelenke beim Abstoßen vom Boden erzwungen wird und wodurch der Reiter im Sattel mehr oder weniger vorgerückt wird (BÖTTICHER 1878). Die Pferde, die zu dieser tiefen Stellung gezwungen werden, versuchen das unangenehme und widrige Gefühl zu bekämpfen, indem sie zu noch größeren Übereilungen fortgerissen werden und sich somit selbst verderben. „Ein solches Pferd macht dann später nicht selten dem geschickteren Reiter große Schwierigkeit, es für Hand und Schenkel zu gewinnen, um es ordentlich anfassen zu können. Hieran knüpfen wir die Bemerkung, dass manche Reiter, welche es verstehen, durch rechtzeitige Strenge und Güte ein widerspenstiges Pferd zum Gehorsam zu zwingen, und oft in kurzer Zeit zum Gebrauch herzustellen, doch ganz entfernt davon sein können, die Durchbildung eines Pferdes zu bewerkstelligen. Auf der anderen Seite aber kann ein Pferd mit größter Schonung und zartester Behandlung verbildet werden, wenn wir bei Stellung des Kopfes und Halses letzterem eine Biegung zu verschaffen suchen, durch die der vordere Teil des Widerristes herabgezogen, der hinter Teil desselben mit dem vorderen Rückenteile nebst den Lendenwirbeln und dem Kreuzbein gehoben wird, folglich der hintere Teil des Beckens sich senkt, wo dann das Pferd, zufolge seiner Gestalt, seine beiden steilen Hinterschenkel unter den Bauch hervorbringen kann" (BÖTTICHER 1878).

2.1.3.2 Die Züricher Untersuchungen

Es liegen Untersuchungen zum Zusammenhang von Kopf-Hals-Position, Rückentätigkeit und Bewegungsablauf vor. RHODIN et al. (2005) untersuchten die Auswirkungen einer freien (Referenzposition), einer tief eingestellten und einer hoch eingestellten Kopf-Hals-Position (s. Abb. 6) auf die Kinematik des Rückens. Der aufgerichtete Hals (HNP 5) beeinflusste die Biomechanik des Rückens im Vergleich zur freien Kopf-Hals-Position mehr als die tiefe Kopf-Hals-Position (HNP 4). Es kam bei übermäßiger Aufrichtung sowohl im Schritt zu einer Reduktion der Bewegungsamplitude und der lateralen Biegung der Lendenwirbelsäule sowie zu einer geringeren axialen Rotation und einer Verkürzung der Schrittlänge. Im Trab waren dabei die Bewegungsamplituden im 10. und 17. Brustwirbel- sowie die laterale Biegung im ersten Lendenwirbelsegment reduziert. Das Bewegungsmuster der axialen Rotation und der Schrittlänge waren im Trab bei den überprüften Kopf-Hals-Positionen nicht signifikant unterschiedlich. RHODIN et al. (2005) lieferten somit zunächst Hinweise dafür, dass die tiefe Kopf-Hals-Position die Bewegungsamplitude des Rückens evtl. steigert. Allgemein zeigten Pferde mit einer größeren Schrittlänge auf dem Laufband eine vermehrte Bewegungsamplitude der Wirbelsäule im Schritt sowie im Trab (FABER et al. 2002, ROHDIN et al. 2005).

GÓMEZ ÁLVAREZ et al. (2006) erweiterten die Studie von RHODIN et al. (2005), indem sie die Auswirkungen von sechs unterschiedlichen Kopf-Hals-Positionen auf die Kinematik der Hintergliedmaße untersuchten (Abb. 3)

Abb. 3:

Die Kopf-Hals-Positionen (HNP), die im Rahmen der Züricher Untersuchungen angewendet wurden aus GÓMEZ ÁLVAREZ et al. (2006)

HNP 1: Referenzposition

HNP 2: Genick höchster Punkt, Nase vor der Senkrechten

HNP 3: wie HNP 2 mit Nase hinter der Senkrechten

HNP 4: tiefe Einstellung mit der Nase deutlich hinter der Senkrechten

HNP 5: Kopf und Hals in extrem hoher Position

HNP 6: Kopf und Hals vorwärts abwärts

GÓMEZ ÁLVAREZ et al. (2006) fanden, dass die Veränderungen der Kopf-Hals-Positionen lediglich einen Einfluss auf die Extension und Flexion der Brust- und Lendenwirbelsäule haben. Aufgerichtete Halspositionen, wie in der HNP 2, 3 und 5, führen zur Extension im Bereich der Brustwirbelsäule und Flexion in der

Lendenwirbelsäule, wohingegen abgesenkte Halspositionen den inversen Verlauf zeigen.
Im Schritt wurden von GÓMEZ ÁLVAREZ et al. (2006) in der HNP 4 zusätzlich sowohl eine vermehrte Flexion als auch eine deutlichere Extension und somit eine größere Bewegungsamplitude im Bereich des 10. Brustwirbels und im Trab im Bereich der gesamten Lendenwirbelsäule beobachtet. VAN WEEREN et al. (2008) korrigierten die früheren Ergebnisse (RHODIN et al. 2005, GÓMEZ ÁLVAREZ et al. 2006) dahingehend, dass bei Aufrichtung des Halses eine Extension und bei Absenken des Halses eine Flexion im gesamten Rücken des Pferdes stattfindet.
Die Feststellung, dass in der tiefen Kopf-Hals-Position die Amplituden der vertikalen Bewegungen in der Brust- sowie Lendenwirbelsäule minimal zunahmen, führte dazu, dass einige Verfechter der modernen Reitweise glaubten, dass die Rollkur der Gymnastizierung diene (JANSSEN 2006), obwohl die Ergebnisse nicht signifikant waren. Allerdings konnten RHODIN et al. nach einer weiteren Studie (2009) nicht bestätigen, dass mit der tiefen Kopf-Hals-Position ein gymnastischer Effekt einhergeht.
Nur in der extrem hohen Kopf-Hals-Position wurde ein Abfall der intervertebralen Bewegungssymmetrie und eine reduzierte Vorführung der Hintergliedmaße im Schritt festgestellt. Eine vermehrte laterale Biegung wird dabei als kompensatorischer Ausgleich für die Reduktion der lumbal bzw. lumbosacralen Extension/Flexion gesehen. Eine Verkürzung der Schrittlänge wurde in HNP 2, 3, 4 und 5 und somit sowohl in der aufgerichteten als auch in der abgesenkten Kopf-Hals-Position, nicht dagegen in der freien (HNP 1) und bei vorwärts-/abwärts- Dehnung (HNP 6) beobachtet (GÓMEZ ÁLVAREZ et al. 2006).
In einer Studie von RHODIN (2008) konnten die früheren Ergebnisse der Untersuchungen ohne Reiter (RHODIN et al. 2005) nicht bestätigt werden. Sie stellten bei Pferden im Schritt unter dem Reiter fest, dass bei tiefer Einstellung die Schrittlänge, der Übertritt der Hinterbeine (Protraktion) und die Bewegungsamplitude des Rückens verringert werden. Im Trab zeigten sich im Gegensatz zu den Ergebnissen von GÓMEZ ÁLVAREZ et al. (2006) keine Veränderungen der vertikalen Bewegungsamplitude des Rückens.

RHODIN et al. (2009) beobachteten zusätzlich zu früheren Untersuchungen bei der freien Kopf-Hals-Position (HNP 1) im Vergleich zur klassischen Dressurposition (HNP 2) geringere vertikale Bewegungsamplituden im Bereich des 6. Brustwirbelsegmentes. Die Pro- und Retraktion der Vordergliedmaße sind erweitert und die Winkel der Gelenke der Hintergliedmaße sind nicht signifikant unterschiedlich. In der Vorführphase eines Bewegungszyklus ist in der freien Kopf-Hals-Position der Femurwinkel vergrößert und das Knie- und Sprunggelenk im ersten Teil der Vorführphase mehr gebeugt. Es zeigte sich lediglich eine leichte Vergrößerung des Kniegelenkwinkels in der frühen Stützbeinphase. Eine kürzere Stützbeinphase in der extrem aufgerichteten Kopf-Hals-Position (HNP 5) führt zu vermehrter Beugung von Knie- und Sprunggelenk sowie zu einer verlängerten Vorführung und verminderten Rückführung der Vordergliedmaße während der Schwungphase. Diese Veränderungen stellen Belastungen für Sehnen und Bänder dar, denn je stärker Knie-, Sprung- und Fesselgelenk gebeugt seien desto mehr Gewicht würde auf die Hintergliedmaße verlagert (RHODIN et al. 2009). Die zusätzliche stärkere Extension der Lendenwirbelsäule kann zusammen mit dem Gewicht von Reiter und Sattel zu Rückenschäden führen (RHODIN et al. 2009).
Je höher der Kopf getragen wird (HNP5), desto mehr verringert sich die Standbeinphase und die vertikalen Impulse werden auf die Hinterbeine verlagert (WEISHAUPT et al. 2006). Das Fesselgelenk wird während der Stützbeinphase in der HNP 5 vermehrt gestreckt (RHODIN et al. 2009).

2.2 Biomechanik

Die Kenntnis der Biomechanik stellt die Basis für das Verständnis des Bewegungsapparates des Pferdes, insbesondere für die Analyse des Zusammenhangs zwischen Kopf-Hals-Positionen und der Rückenfunktion sowie der Bewegungen der Gliedmaßen dar.
In diesem Kapitel wird der Forschungsstand zur Biomechanik bei Betrachtung der Bewegungsmöglichkeiten der cervicalen, der thorakolumbalen und der lumbosakralen Wirbelsäule sowie der Hintergliedmaße dargestellt.

2.2.1 Definition der Biomechanik

Unter Biomechanik versteht man die Anwendung mechanischer Gesetze auf den lebenden Organismus.

Ein Teil der Biomechanik ist die Dynamik, die mithilfe der Kinetik und Kinematik beschrieben werden kann. Die Kinematik der Bewegung, ist die Ortsveränderung eines Körpers oder eines Körperteils mit der Zeit, sie wird mit den Parametern Weg, Geschwindigkeit, Beschleunigung, Winkel, Winkelgeschwindigkeit und Winkelbeschleunigung beschrieben (BADOUX 1975).

Die Kinetik misst und berechnet Kräfte, die als Ursache von Bewegung bzw. Deformation entstehen. Dabei werden äußere Kräfte (Bodenreaktionskraft, Auftrieb, Widerstand, Reibung) ebenso berücksichtigt wie innere, d. h Kräfte, die von der Muskulatur erzeugt werden oder die im aktiven (Muskulatur) und passiven (Sehnen, Bänder, Knochen) Bewegungsapparat wirken.

Die Wechselwirkung zwischen der Bewegung eines Körpers und den Kräften, die auf ihn wirken, werden zusammenfassend in der Kinetik untersucht.

2.2.2 Biomechanik der Halswirbelsäule

Die Halswirbelsäule dient dem Pferd während der Fortbewegung vor allem im Schritt und im Galopp als Balancierstange (MEYER 1996). Da der Kopf- und Halsbereich etwa 30% des gesamten Pferdegewichts ausmachen (DÄMMRICH et al. 1993), wird durch die Bewegung von Kopf und Halswirbelsäule das Gleichgewicht verlagert und der Körperschwerpunkt verschoben (NICKEL et al. 2001, GRAY 1997). Die einzelnen Wirbelsäulenabschnitte können die Bewegungsmöglichkeiten (Dorsoflexion, Ventroflexion, die Lateroflexion und die axiale Rotation) unterschiedlich gut ausführen. Die Bewegungsrichtung, die von dem jeweiligen Wirbelsäulenabschnitt am besten ausgeführt werden kann, wird von den Gelenkfortsätzen in den Facettengelenken bestimmt (KRÜGER 1939). Die größte Dorso- und Ventroflexion findet sich zwischen dem letzten Hals- und ersten Brustwirbel, die größten Rotations- und Seitwärtsbewegungen sind hauptsächlich im Atlantoaxialgelenk und in Teilen der Brustwirbelsäule möglich (KRÜGER 1939,

EVRARD 2004). Clayton und Townsend (1989) beobachteten, dass die axiale Rotation im Atlantoaxialgelenk 73% der gesamten axialen Rotation der Wirbelsäule ausmachen, wohingegen die laterale Biegung in diesem Gelenk am wenigsten möglich ist. Neben dem Atlantooccipitalgelenk sind besonders die Gelenkzwischenräume zwischen C5 und Th1 für die dorsoventrale Bewegung verantwortlich. 32% der gesamten dorsoventralen Bewegung finden im Atlantooccipitalgelenk statt. Der geringe Extensionsradius im Atlantoaxialgelenk ist durch den Druck des Dens axis gegen den ventralen Bogen des Atlas bedingt. Die Flexion wird zum größten Teil durch das Lig. longitudinale limitiert, welches den Axis mit dem Atlas verbindet (CLAYTON u. TOWNSEND 1989). Die Halswirbelsäule stellt den mobilsten Teil der gesamten Wirbelsäule dar und ist in einen oberen und unteren Abschnitt einzuteilen. Die größere Mobilität dieser beiden Abschnitte im Vergleich zum mittleren Abschnitt lässt sich auf den Scheitelpunkt der Krümmung der Halswirbelsäule, der zwischen dem dritten und vierten Halswirbel liegt zurückführen. Dieser verleiht dem Hals dort die nötige Stabilität, die die vermehrte Beweglichkeit des oberen und unteren Abschnitts möglich macht (EVRARD 2004).
In einer Studie von CLAYTON und TOWNSEND (1989) konnte festgestellt werden, dass mit zunehmendem Alter die Beweglichkeit der Halswirbelsäule grundsätzlich abnimmt. Nur die Rotation im Atlantoaxialgelenk und das seitliche Abbiegen im Atlantooccipitalgelenk und im C7-Th1-Gelenk sind beim erwachsenen Pferd etwas besser möglich als beim Fohlen. Abgesehen von diesen Ausnahmen ist die axiale Rotation, die dorsoventrale Flexion und Extension sowie das seitliche Abbiegen beim Fohlen zu mindestens 17 % stärker möglich als bei erwachsenen Pferden (CLAYTON und TOWNSEND 1989).

2.2.3 Biomechanik des Rumpfes

Im folgenden Abschnitt wird auf die Statik und Dynamik des Pferdes eingegangen. Um die spezifischen anatomischen Besonderheiten zu veranschaulichen, wird der Tierkörper von einigen Autoren (NICKEL et al. 2001) mit einer technischen Konstruktion verglichen.

2.2.3.1 Statik des Rumpfes

ZSCHOKKE (1892) erklärte die Biomechanik des Pferderückens mit der Theorie der Wirbelbrücke. Er verglich den Rücken des Pferdes mit einer klassischen Brücke: die Gliedmaßen übernehmen die Funktion der Brückenpfeiler, auf die die einwirkenden Kräfte weitergeleitet werden. Die eigentliche Brücke stellt dabei die von Muskeln und Bändern umgebene Brust- und Lendenwirbelsäule dar.

SLIJPER (1946) verfeinerte diese Anschauung und verglich die Biomechanik der Pferdewirbelsäule mit einer sehr flachen Bogensehnenbrücke. Diese Theorie der „Bogensehnenbrücke“ berücksichtige die Beziehungen zum lebenden und sich bewegenden Gesamtorganismus in weitaus höherem Maße und entspräche wesentlichen Grundprinzipien des technischen Brückenbaus. Daher dürfte sie die Wirklichkeit relativ gut abbilden (NICKEL et al. 2001).

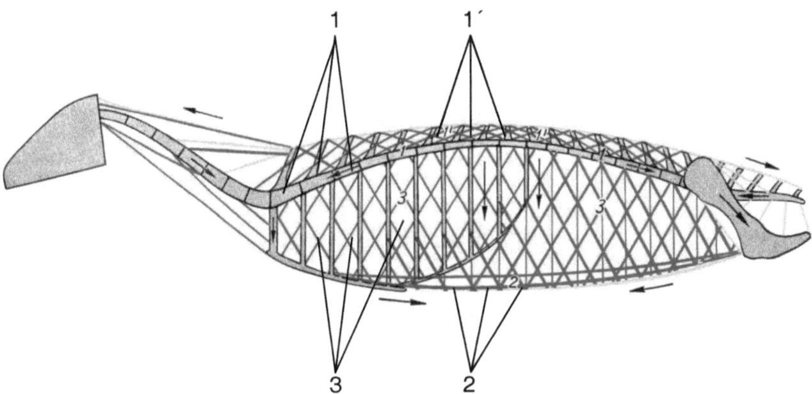

Abb. 4:

Schema der Bogensehnenbrücke nach SLIJPER 1946, (NICKEL et al. 2001).

Grau: Skelett; gelb: passive, rot: aktive Muskulatur, Bänder, Sehnen

1. Untergurt, 1´. Obergurt des Brückenbogens, 2. „Sehne“, 3. Aufhängevorrichtung zwischen „Sehne“ und „Bogen“.

Wirbelkörper, Zwischenwirbelscheiben, Bänder und epaxiale Muskulatur entsprechen bei dem Bogensehnenbrückenmodell dem „Bogen“ (1,´1). Den knöchernen Ansatz für die Ligg. interspinalia, das Lig. supraspinale sowie den M. longissimus, den M. spinalis und die segmentalen Mm. multifidi bilden dorsal auf dem Bogen die Dornfortsätze und Wirbelbögen. Der Brückenbogen lässt sich demnach in einen Untergurt, der aus den Wirbelkörpern und Zwischenwirbelscheiben besteht und in einen Obergurt, bestehend aus Wirbelbögen, Dornfortsätzen, Sehnen und Bändern aufteilen.

Das Gewicht des Kopfes und Halses wird durch das Nackenband getragen, welches am Obergurt befestigt ist.

Die „Sehne“ des Brückenbogens bilden die Bauchmuskeln, insbesondere der M. rectus abdominis (2). Die Rippen- und die Bauchmuskulatur (3) sorgen für die Spannung des Bogens und führen bei Kontraktion zu einer dorsalkonvexen Krümmung. Die Kontraktion der dorsalen Wirbelsäulenmuskulatur dagegen führt zu einer Absenkung und Spannung des Brückenbogens mit kaudodorsaler Zugrichtung.

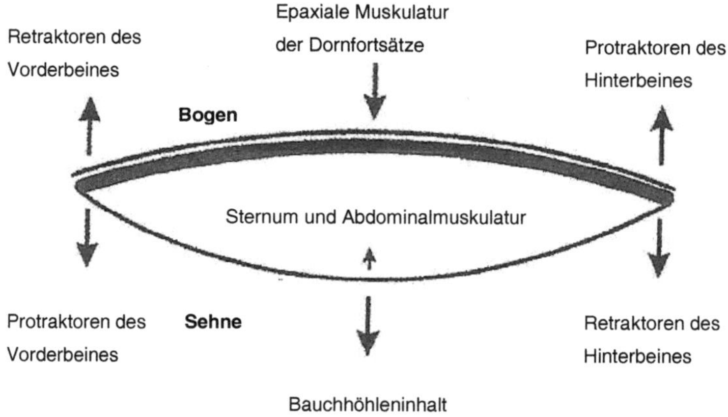

Abb. 5: Faktoren, die die Bewegung des Rückens entsprechend dem Konzept „Bogen und Sehne” beeinflussen (VAN WEEREN 2004).

Die Schubübertragung von der Hinterhand auf den Rumpf ist durch die Aufhängung der Mm. serrati ventrales thoracis zwischen den Schulterblättern und den Oberschenkeln gewährleistet. Die Vordergliedmaßen dienen nicht direkt der Fortbewegung, sondern unterstützen diese lediglich durch Stemmung und Abstützung des Rumpfes. Somit ruht der Körperstamm nicht nur statisch sicher zwischen seinen beiden vorderen Trägern, sondern kann auch in der Bewegung stoßbrechend und elastisch aufgefangen werden (NICKEL et al. 2001).
Kopf und Hals des Pferdes werden in der Literatur als tragende Einheit angesehen, welche die Schubkräfte am vorderen Ende der Wirbelsäule neutralisieren oder durch Heben und Senken des Kopfes den Körperschwerpunkt verlagern. Kopf und Hals sind dementsprechend wesentlich über das Nackenband und das Lig. supraspinale an der Aufrechterhaltung der elastischen Spannung der Wirbelsäule beteiligt. Das gilt sowohl für die dorsalkonvexe Wirbelsäulenkrümmung als auch für die Streckung der Wirbelsäule. Durch die zeitgleiche Kontraktion der dorsalen Wirbelsäulenmuskulatur mit kaudodorsaler Zugrichtung und dem kraniodorsal gerichteten Zug des Hebelarms von Kopf und Hals wird die Streckung der Wirbelsäule erreicht.

2.2.3.2 Dynamik des Rumpfes

KRÜGER (1939) beschreibt vier Bewegungsrichtungen der Wirbelsäule, die Lateroflexion (seitliches Einbiegen der Wirbelsäule nach rechts oder links), die Dorsoflexion (Einbiegung der Wirbelsäule nach dorsal), die Ventroflexion (Einbiegung der Wirbelsäule nach ventral) und die axiale Rotation (Drehung um die Längsachse).
Die Dorsoflexion beschreibt die dorsale Einkrümmung der Wirbelsäule und damit das Absenken des Rückens, die Ventroflexion das ventrale Einbiegen der Wirbelsäule und damit die Aufkrümmung des Rückens (JEFFCOTT u. DALIN 1980).
FABER et al. (2000) bestätigten die Bewegungen der Wirbelsäule in diesen Ebenen.
Die Beweglichkeit der Wirbelsäule wurde bereits in den Achtzigerjahren von TOWNSEND et al. (1983) in vitro an Präparaten untersucht und erlaubt somit nur begrenzte Aussagen. Die Autoren kamen zu dem Ergebnis, dass die Lumbalregion

sowohl in der Lateroflexion als auch in der axialen Rotation stark eingeschränkt ist, während der kraniale Teil der Wirbelsäule deutlich höhere Beweglichkeit zeigt.
Mithilfe einer invasiven Untersuchungsmethode (FABER et al. 2000, 2001) wurde im Trab die geringste spinale Beweglichkeit nachgewiesen.
Die größte Bewegungsspanne der Extension und Flexion konnte im Schritt kaudal von Th10 gemessen werden. Die seitliche Bewegung war am stärksten in den kranialen Brustwirbeln und dem Beckensegment. Zwischen Th17 und LW5 konnten die niedrigsten Werte gemessen werden. Die Achsenrotation der Wirbelsäule stieg graduell von Th6 bis zum Tuber coxae an. Der Galopp wies deutlich größere Werte für die Flexion und Extension auf, wobei die größte Bewegung zwischen LW5 und S3 gefunden wurde. Die Bewegungsspanne der Flexion und Extension ließ sich in einer einfachen sinusoidalen Kurve im Galopp und in einer doppelten Sinuskurve für Schritt und Trab (FABER et al. 2000; 2001a, 2001b) darstellen.
Die intraindividuelle Variabilität lag bei Extension und Flexion und bei der Achsenrotation niedriger als bei der lateralen Biegung. Die interindividuellen Unterschiede waren wesentlich größer als die intraindividuellen(FABER et al. 2000; 2001a, 2001b).
In einer Studie von LICKA et al. (2001) mit auf der Haut fixierten Markern auf dem Kopf, der Wirbelsäule sowie den Hufen des Pferdes lagen die Lateralbewegungen des Kopfes bei 1,72% ± 0,75%, seine dorsoventralen Bewegungen bei 4,06% ± 1,14%. Die größte Lateralbewegung des Rückens war auf Höhe von Th5 festzustellen und die größte dorsoventrale Bewegung auf Höhe von Th16.
WEISHAUPT (2001) bestätigte die von FABER et al. (2000) aufgestellte Hypothese, dass die maximale Lateroflexion und axiale Rotation der Brustwibelsäule im mittleren Brustwirbelsäulenabschnitt stattfindet und die Pro- und Retraktion der Hintergliedmaße beeinflusst. Im Galopp ist die maximale dorsoventrale Bewegung im lumbosakralen Übergang zu beobachten.

2.2.4 Biomechanik der Vordergliedmaßen

Die Schultergliedmaße wird als Stütz- und Auffanghebelwerk bezeichnet, da sie distal des Ellbogens die Rumpflast wie eine Säule trägt, während die Körperlast durch die bindegewebig-muskulöse Verbindung der Skapula mit dem Rumpf elastisch aufgefangen wird. Da die Schultergliedmaße trotz stärkerer Belastung im Vergleich zur Hintergliedmaße schwächer bemuskelt ist, haben die an der Fixation beteiligten Muskeln durch die stark sehnige Durchsetzung den Charakter kontraktiler Spannbänder angenommen (NICKEL et al. 2001). Diese synsarkotische Schulteraufhängung ermöglicht es dem Pferd, deutlich freiere Bewegungen mit den Vordergliedmaßen als mit den Hintergliedmaßen auszuführen (PAYNE et al. 2004). Nach PAYNE et al. (2005) sind 60 % der vertikalen Impulse der Bodenreaktionskraft unter den Vorderhufen festzustellen, sodass den Vordergliedmaßen der größere Anteil des stützenden Parts zukommt.

2.2.5 Biomechanik der Hintergliedmaßen

Die Beckengliedmaße ist als Stemm- und Wurfhebelwerk konstruiert. Die Hauptschubkräfte zur Vorwärtsbewegung werden durch die starke Winkelung der Sprunggelenke geliefert und durch die feste Verbindung des Beckens mit der Wirbelsäule übertragen (NICKEL et al. 2001). Da die Schwerpunktachse der Gliedmaße nahe dem Drehpunkt des Hüftgelenks liegt, sind kaum Kräfte erforderlich, um das statische Gleichgewicht aufrecht zu erhalten. Durch die Spannung von Muskeln und Sehnen wird die Hinterextremität festgestellt, und die einzelnen Gelenke nehmen den sogenannten Standwinkel ein. In der Bewegung kann die Extremität mit einem Pendel verglichen werden, wobei sich der Drehpunkt im Hüftgelenk befindet. Der Umfang der Änderung der Bewegungswinkel der einzelnen Gelenke hängt von der Gangart und von der Ganggeschwindigkeit ab (GIRTLER et al. 2003).
Hüft-, Knie- und Sprunggelenk werden in der Reitersprache als Hanken bezeichnet. STODULKA (2006) definiert diese als: „eine Gesamtheit der großen Gelenke der Hinterhand: das Hüft-, das Knie- und das Sprunggelenk. Als Hankenbeugung wird ein Engerwerden der Winkelungen in diesen Gelenken bezeichnet."
Die Reiterlehre geht davon aus, dass die Hinterhand aufgrund der speziellen Winkelung im Bereich ihrer Gelenke im Verlauf der Ausbildung zum Reitpferd vermehrt Last aufnehmen kann. Dadurch wird die Vorhand entlastet, ihre Bewegung

freier und ungezwungener und die relative Aufrichtung des Pferdes höher (STODULKA 2006).

STODULKA (2006) beschreibt, dass die optimale Winkelung des Hüft- und Kniegelenks zwischen 90-100° liegen soll, damit das Pferd leichter Last mit der Hinterhand aufnehmen kann. Die biomechanisch beste Winkelung des Sprunggelenks sollte zwischen 130-140° liegen und d ie des Fesselstands zwischen 50 und 55°, damit das Pferd sich optimal bewegen ka nn. Steilere Stellungen könnten die Versammlungsfähigkeit und das Sprungvermögen beeinträchtigen.

Das Sprunggelenk bildet einen nach vorne offenen Winkel von ungefähr 150°. Die Bewegungsspanne zwischen maximaler Beugung und Streckung des Sprunggelenks wurde von BACK et al. (1995a) aufgrund von kinematischen Messungen an einer Gruppe von Pferden auf dem Laufband im Schritt bei einer Geschwindigkeit von 1,6 m/s mit ungefähr 36° angegeben. Im Trab beträgt der Winkelumfang bei einer Geschwindigkeit von 4 m/s annähernd 55°. Bei Analys e der Bewegung im Trab kommt es in der ersten Hälfte der Stützbeinphase zu einer Beugung von ca. 8°, um gegen Ende der Stützbeinphase eine maximale Streckung von ca. 6° zu erfahren. Der Winkelbereich der Stützbeinphase beträgt somit ca. 14° (BACK et al. 1995a). Eine Erklärung dafür, dass sich das Sprunggelenk stets schneller beugt und streckt als das Kniegelenk und sich dabei um einen größeren Winkel bewegt, sieht KRÜGER (1939) darin, dass die Sehnenzüge der Spannsägenkonstruktion am Kniegelenk näher der Gelenkachse inserieren als am Sprunggelenk, dies bestätigten GIRTLER et al. (2003).

In einer Studie von BACK et al. (1996) wurden zur Exterieurbeurteilung die Gelenkwinkel von Warmblutpferden im Stand in Beziehung zu ihren Gliedmaßenbewegungen im Trab gesetzt. BACK et al. (1996) kamen zu den Ergebnissen, dass Schulter- und Ellbogengelenke mit stärkerer Winkelung eine längere Stützbeinphase bewirken. Eine vertikalere Stellung des Beckens und stärker gebeugte Hüft- und Kniegelenke sollen zu weniger Rückführung der Hintergliedmaßen und mehr Beckenrotation führen. Gestreckt angelegte Karpal- und Tarsalgelenke hingegen sollen einen größeren Bewegungsumfang dieser Gelenke in der Stütz- und Schwebephase und führen zu einer verbesserten Gangqualität führen

(BACK et al. 1996, HOLMSTRÖM et al. 1990). Zusammenfassend wurde festgestellt, dass es keine „ideale“ Konformation des Pferdes gibt. Dennoch ist die Berücksichtigung der Stellung von Karpal-, Tarsal-, Knie- und Hüftgelenk auf die Auswahl eines Pferdes mit guter Gangqualität und einem geringerem Risiko, Lahmheiten zu entwickeln, von großer Bedeutung (BACK et al. 1996).

2.3 Bewegungsanalyse

Die Bewegungslehre bzw. die Kinesiologie umfasst die Teilgebiete Kinetik, mit den auf einen Körper einwirkenden und eine Bewegung verursachenden Kräften. Die Kinematik erfasst und beschreibt den Bewegungsablauf in Zeit und Raum mit Hilfe bestimmter Parameter wie z.B. Schrittlänge, Zeitdauer der einzelnen Bewegungsphasen oder Winkel-Zeit-Diagramme der Gelenke (DALIN u. JEFFCOTT 1985). Im folgenden Absatz wird auf die Kinematik eingegangen, da diese Grundlage der Untersuchungen ist.

2.3.1 Kinematik

Im Einzelnen beschreibt die Kinematik einen Teil der Mechanik, in dem die Bewegung der Körper, ohne Berücksichtigung der sie verursachenden Kräfte, untersucht wird. Durch Filmaufnahmen werden Geschwindigkeit, Beschleunigung, Bewegungsrichtung, Richtungsänderung der Gliedmaßen oder bestimmte Körperwinkel dargestellt.
Mit Hilfe von Hochfrequenzkameras werden heutzutage exakte Messungen durchgeführt, bildlich erfasst und wissenschaftlich aufgearbeitet.

2.3.1.1 Kinematische Untersuchungen auf dem Laufband

Muybridge führte Ende des 19. Jahrhunderts erste dynamische Untersuchungen zur Fortbewegung des Pferdes mithilfe der Serienphotographie durch. Dazu stellte er 24 Spiegelreflexkameras in Reihe auf, die durch einen speziellen Mechanismus in schneller Abfolge ausgelöst wurden (LEACH u. DAGG 1983; VAN WEEREN 2001).

1960 wurde das erste „Pferde-Laufband" in Stockholm gebaut. Seitdem werden Studien auf dem Laufband durchgeführt. FREDRICSON et al. (1983) befassten sich als eine der ersten Arbeitsgruppen mit der Lokomotion auf dem Laufband. Damit konnten Pferde unter standardisierten Bedingungen bei konstanter Geschwindigkeit und Bodenbeschaffenheit untersucht werden. In den 70er Jahren entstanden einerseits Bewegungsanalysen auf dem Laufband zur Untersuchung der Kinematik der Gliedmaßen (BACK et al. 1995a; 1995b, CORBIN 2004; RHODIN et al. 2005; GEYER u. WEISHAUPT 2006; GÓMEZ ÁLVAREZ et al. 2006, 2007, 2008, 2009) und des kaudalen Rückens (PEINEN VON et al. 2009; WALDERN et al. 2009). Andererseits erfolgten kinetische Untersuchungen mit Kraftmessplatten zur Untersuchung der Gliedmaßenmotorik (CAUDRON et al. 1998; CARTER et al. 2001; WEISHAUPT et al. 2004).

2.3.1.2 Bewegungsanalysesysteme

Seit den 70er Jahren erfolgten Bewegungsanalysen auf dem Laufband mit zweidimensionalen Videokameras kombiniert. Dies brachte im Gegensatz zur Arbeit auf dem Reitplatz den Vorteil, dass in beliebiger Häufigkeit und Dauer Aufnahmen aus gleichbleibenden Kamerapositionen zu erstellen waren.

In den vergangenen Jahren wurden zwei- und dreidimensionale Videoaufzeichnungen analysiert und miteinander verglichen. Bei diesen Untersuchungen stellte sich heraus, dass die zweidimensionale zwar weniger aufwendig ist als die dreidimensionale Darstellung, dafür aber weniger Informationen liefert und durch Bildverzerrungen nachteilig beeinflusst wird (CLAYTON u. SCHAMHARDT 2001). Für die routinemäßige Diagnostik steht trotz dieser Einwände jedoch fest, dass mit Verlängerung der Stützbein- bzw. Hangbeinphase und der Phasenverschiebung einer Gliedmaße nicht zwangsläufig eine Lahmheit oder Bewegungsstörung des Pferdes einhergeht (GIRTLER et al. 1987). Die zweidimensionale Hochfrequenzkinematographie wurde u. a eingesetzt um Maßnahmen zur Hufkorrektur bei Pferden auf analytischer Basis durchzuführen (HOPPE 2002, CORBIN 2004). Durch den Einsatz der dreidimensionalen Bewegungsanalyse können allerdings die diagnostischen Möglichkeiten der

zweidimensionalen Aufzeichnung erweitert werden. Sie liefern insbesondere bei Lahmheitsuntersuchungen präzisere Ergebnisse als die Untersuchung mit lediglich einer Kamera (HOPPE 2002).
Einige Autoren kombinieren die dreidimensionale Hochfrequenzkinematographie mit weiteren kinematischen Analyseverfahren wie dem optoelektronischem System (BACK et al. 1996, GIRTLER et al. 2003, VAN WEEREN 2004, RHODIN et al. 2005, 2009, ‚WEISHAUPT et al. 2006) oder der Elektrogoniometrie (ADRIAN et al. 1977, RATZLAFF et al. 1986). Das optoelektronische System basiert auf Videoaufnahmen und benötigt Infrarotlicht, welches entweder von „passiven“ Markern reflektiert oder von „Light Emitting Diodes“ (LED´s) ausgesandt wird, die auf speziellen anatomischen Arealen des zu untersuchenden Tieres lokalisiert sind. Die abgebildeten Lichtimpulse werden einem Koordinatensystem zugeordnet, in digitaler Form dem Computer weitervermittelt und mittels einer entsprechenden Software ausgewertet. Die Elektrogoniometrie gehört zu den direkten kinematischen Analyseverfahren, bei denen Winkeländerungen der Gelenke in der Bewegung gemessen und in Form von Goniogrammen dargestellt werden. LANYON et al. (1971) kombinierten die Kinematik mit der Accelerometrie und untersuchten die Beschleunigung der Gliedmaßen im Schritt und Trab.

2.3.1.3 Der Einfluss des Laufbandes auf die Biomechanik

Um den Einfluss des Laufbandes auf die Biomechanik des Pferdes festzustellen, wurden die Ergebnisse der Bewegungsanalyse auf dem Laufband, mit denen von auf natürlichem Boden durchgeführten Untersuchungen verglichen (FREDRICSON et al. 1983; BARREY et al. 1993b; BUCHNER et al. 1994a; COUROUCE et al. 1999; OLDRUITENBORGH-OOSTERBAAN VAN 1999; WEISHAUPT et al. 2004; GÓMEZ ÁLVAREZ et al. 2009).
Untersuchungen von BUCHNER et al. (1994a) im Trab auf zwei verschiedenen Böden (Gummiboden und Asphalt) und auf dem Laufband zeigten, dass die Schrittlänge auf Asphalt gegenüber Gummiboden und dem Laufband verkürzt ist. Dagegen ist eine Verlängerung der Stützbeinphase der Vorhand und eine Verlängerung der Retraktion für alle Gliedmaßen auf dem Laufband gegenüber

hartem und weichem Boden zu beobachten. Die Protraktion bleibt gleich und die vertikale Bewegung des Rumpfes verringert sich. Die Ursache für diese Veränderungen in der Biomechanik sehen BUCHNER et al. (1994a) in der Verlangsamung des Bewegungsablaufs einer Gliedmaße auf dem Laufband während der Stützbeinphase um 9% im Trab, welche durch die vertikalen und horizontalen Bodenreaktionskräfte (GRF) beim Auftreten sowie der folgenden Beschleunigung durch das Abfußen verursacht werden. Als zusätzliche Ursache führten sie psychologische Ursachen und den fehlenden Luftwiderstand auf dem Laufband an.

Mit Untersuchungen an einem Traber zeigten FREDERICSON et al. (1983), dass die Schrittdauer auf dem Laufband kürzer und die Schrittfrequenz somit höher ist als auf natürlichem Boden.

BARREY et al. (1993b) und COUROUCE et al. (1999) widerlegten die Hypothese von FREDERICSON et al. (1993) und fanden heraus, dass der Bewegungszyklus auf dem Laufband länger und die Schrittfrequenz geringer ist. BARREY et al. (1993b) ermittelten im Schritt auf der Vorführbahn gleichzeitig eine signifikant kürzere Schrittlänge. Bei 3,5% Steigung des Laufbandes konnten sie jedoch keine veränderten Gangparameter finden und folgerten daher, dass dieses mit der Fortbewegung auf natürlichem Boden vergleichbar ist.

COUROUCE et al. (1999) konnten bei Untersuchungen an fünf französischen Trabern größere Gangregelmäßigkeiten auf dem Laufband im Vergleich zu zwei unterschiedlichen natürlichen Böden feststellen.

BUCHNER et al. (1994b) fanden im Verlauf einer Gewöhnungsstudie heraus, dass die Pferde im Trab bereits nach der dritten Trainingseinheit eine ausreichende Bewegungskonstanz kinematischer Parameter erreichen. Die Adaptation der Pferde an das Gehen auf dem Laufband tritt sehr schnell ein. Es sollte vor dem Beginn von Messungen eine Gewöhnungsphase von einer Minute eingehalten werden. Die intraindividuelle Variation der Bewegungszyklusdauer im Trab ist auf dem Laufband nur fast halb so groß wie auf Gummiboden oder Asphalt.

GÓMEZ ÁLVAREZ et al. kamen (2009) zu dem Ergebnis, dass die Kinematik der Wirbelsäule auf dem Laufband nicht identisch ist mit der auf natürlichem Boden. Demnach sind die horizontalen Bewegungen der Wirbelsäule während der

Laufbandarbeit vermindert, die vertikale Bewegungsamplitude zwischen der Extension und der Flexion war jedoch in beiden Bodenbeschaffenheiten gleich. Je höher die Geschwindigkeit, desto mehr Bewegung zeigten der Musculus longissimus und der Musculus rectus abdominis (ROBERT et al. 2001).

GÓMEZ ÁLVAREZ et al. (2009) erklären dies dadurch, dass die Geschwindigkeit des Pferdes auf dem Laufband eventuell zu niedrig gewesen sei, um Veränderungen hervorzurufen. Die Bewegung des Pferdes auf dem Laufband bei niedriger Geschwindigkeit beeinflusst die Geschwindigkeit des Laufbandes nicht. Erst bei höherer Geschwindigkeit des Laufbandes wird dieses durch stärkere Kräfte beim Fußen des Pferdes etwas reduziert. Weiterhin ließen sich im Rahmen der Studie von GÓMEZ ÁLVAREZ et al. (2009) im Gegensatz zu BUCHNER et al. (1994a) keine Unterschiede zwischen Laufband und natürlichen Boden in Bezug auf Schrittdauer, Länge der Stützbeinphase, Schrittlänge sowie Vor- und Rückführung der Gliedmaßen feststellen. Für die von BUCHNER et al. (1994a) festgestellte Reduzierung der Schrittdauer und der Rückführung aller Gliedmaßen auf dem Laufband sind zwei mögliche Gründe zu nennen (GÓMEZ ÁLVAREZ et al. 2009): Einerseits verwendeten die Arbeitsgruppen unterschiedliche Böden, GÓMEZ ÁLVAREZ et al. (2009): Kies, BUCHNER et al. (1994a) Asphalt, und zum anderen waren die Pferde von der Züricher Arbeitsgruppe (GÒMEZ ÁLVAREZ et al. 2009) besser an das Laufband gewöhnt.

Insgesamt ist festzustellen, dass die horizontale Bewegungsspanne (laterale Biegung) der Lendenwirbel von thorakolumbaler und lumbaler Wirbelsäule auf dem Laufband reduziert ist. Dies ist mit Ergebnissen von VOGT et al. (2002) am Menschen vergleichbar, der auf dem Laufband sowohl eine reduzierte Bewegung in der Lendenwirbelsäule als auch in der Beckenregion aufzeigte.

Verschiedene Autoren belegen, dass die Arbeit auf dem Laufband geringer ist als bei vergleichbarer Bewegung auf natürlichem Boden (BARREY et al. 1993a; BARNEVELD 1995; OLDRUITENBORGH-OOSTERBAAN VAN u. BARNEVELD 1995).

Pferde verbrauchen im Schritt, Trab oder Galopp auf einem steiferen Laufband (Hersteller: Mustang) weniger Energie als auf einem nachgiebigeren (Hersteller: Säto) (JONES et al. 2006).

Aktuelle Untersuchungen von WEISHAUPT et al. (2010) zeigen mit zunehmender Geschwindigkeit im Schritt und im Trab auf dem Laufband eine umso kürzere Schrittlänge, Standbeinphase und einen kürzeren Impuls der Vorder- und Hinterhand. Zusätzlich kam es in der Untersuchung bei höheren Geschwindigkeiten zu einer zunehmenden Gewichtsverlagerung auf die Vordergliedmaße und zwar im Schritt von 56 % auf 59 % und im Trab von 55 % auf 57 %. Weiterhin stellten sie fest, dass der Antrieb der Gliedmaßen mit steigender Geschwindigkeit auf dem Laufband reduziert wird, aber die maximale vertikale Kraft in beiden Gangarten zunimmt (WEISHAUPT et al. 2010).

2.3.1.4 Rückenbewegungen

In einer Studie von AUDIGIÉ et al. (1999) wurden die dorsoventralen Bewegungen der Wirbelsäule im Trab anhand von Winkelbestimmungen untersucht. Der thorakale, thorakolumbale und der lumbosakrale Winkel zeigte in der ersten Hälfte der Standphase über den gesamten Rücken eine Streckung und erreichte das Maximum in der mittleren Standphase. Die maximale Extension erfolgte im Bereich der Sattellage (thorakaler Winkel) dann im thorakolumbalen und schließlich im lumbosakralen Bereich des Rückens. In der zweiten Hälfte der Standphase war der Rücken gebeugt, mit einer maximalen Flexion am Ende der Standphase. Die Bewegungsspanne der drei Winkel betrug weniger als 4°. Zusammenfassend wurde festgestellt, dass die dorsoventrale Bewegung der Wirbelsäule des Pferdes im langsamen Trab gering ist und auf einer reduzierten Aktivität der Rückenmuskulatur beruht. Die intraindividuelle Variation war dabei geringer als die interindividuelle (AUDIGIE et al. 1999). In der ersten Dekade des 21. Jahrhunderts wurden von FABER et al. (2000, 2001) sowie im Rahmen des Züricher Projektes (s. Kapitel 2.1.3.2) kinematische Untersuchungen zur Bestimmung der 3-dimensionalen Rückenbewegungen durchgeführt.

WARNER et al. untersuchten 2010 mittels Trägheitssensoren und Optical Motion Capture (Mocap) die dorsoventralen und mediolateralen Bewegungen der thorakalen, lumbalen und sakralen Wirbelsäule im Trab bei sechs Pferden auf einer Laufstrecke von 18 m. Die Wirbelsäule zeigte einen doppelten sinusoidalen Bewegungszyklus. Die laterale Auslenkung zeigte annähernd das Muster einer Sinuskurve. Am stärksten ausgeprägt war die dorsoventrale Bewegung im Bereich der Lendenwirbelsäule, wo hingegen die laterale Bewegung von kranialer Brustwirbelsäule hin zur Lendenwirbelsäule abnahm und die größte laterale Bewegung in der sakralen Wirbelsäule zeigte. Unterschiede zwischen den Daten der Trägheitssensoren und den Daten der Mocap waren wie in einer früheren Studie (PFAU et al. 2007) nicht signifikant. Der Unterschied zwischen beiden Systemen lag bei ±4-8 mm (WARNER et al. 2010).

2.3.1.5 Winkelbestimmungen am Kopf

ELGERSMA et al. (2010) untersuchten fünf HNP´s (s. Abb. 6), von denen HNP 1, HNP 2, HNP 4 und HNP 5 identisch mit den Kopf-Hals-Positionen aus den vorherigen Studien von GÓMEZ ÁLVAREZ et al. (2006); WEISHAUPT et al. (2006); RHODIN et al. (2009) und WALDERN et al. (2009) waren. Die Daten der HNP´s konnten in der Sagittalebene quantifiziert werden und die Autoren bestimmten pro Kopf-Hals-Position vier Winkel und zwei Abstände. Dies wird zur besseren Veranschaulichung in Abbildung 6 dargestellt: Winkel 1 wurde zwischen Atlasflügel (C1), T6 und der Horizontalen gemessen, Winkel 2 zwischen Crista facialis (CF), Atlasflügel (C1) und T6. Der dritte Winkel war der vertikale Winkel zwischen Atlasflügel (C1) und Crista facialis (CF) und der vierte Winkel der Winkel Nasenrücken (BN) zur vertikalen Ebene. Die Abstände wurden gemessen zwischen der Crista facialis (CF) und dem Tuberculum supraglenoidale (TS) der Skapular (Abstand A) und zwischen der Crista facialis (CF) und dem Processus styloideus (PS) des Radius (Abstand B). Die Bestimmung der zweidimensionalen Winkel 1 und 3 sowie die Bestimmung des Abstandes B ermöglichte die objektive Quantifizierung der unterschiedlichen Kopf-Hals-Positionen eines einzelnen Pferdes. Die HNP 5 war die Kopf-Hals-Position mit den größten Winkeln 1 (34,8° ± 2,0°), 3 (63,9° ± 3,6°) und

4 (47,2° ± 3,5°) und dem größten vertikalen Abstand B (144,8 cm ± 3,9 cm). Im Gegensatz dazu erwiesen sich in HNP 4 die Winkel 3 (-38,9° ± 1,1°) und 4 (-51,7° ± 1,8°) als die jeweils kleinsten. Die HNP 2 zeigte e inen vertikalen Winkel zwischen Atlasflügel und Crista facialis (Winkel 3) bei ungefähr 0° (0,9° ± 2,5°). In der freien, natürlichen HNP 1 war der Winkel 2 der größte (131,9° ± 2,0°) und hatte gleichzeitig den größten horizontalen Abstand A (73,5 cm ± 3,4cm) (ELGERSMA et al. 2010).

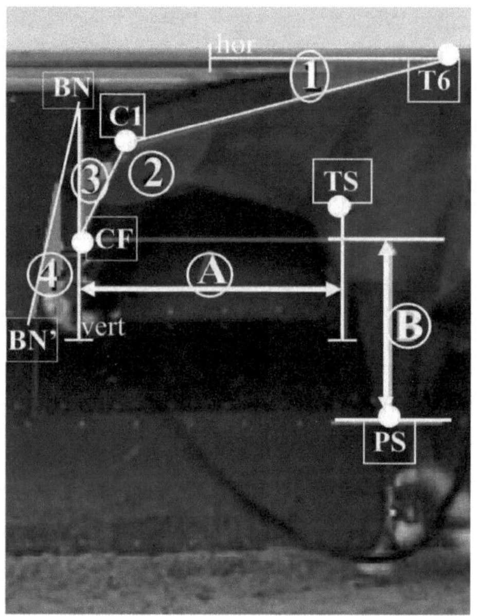

Abb. 6:

Darstellung der berechneten vier Winkel und der zwei Abstände der 5 HNP´s anhand der freien Kopf-Hals-Position (HNP 1)(ELGERSMA et al. 2010)

Legende zu **Abb. 6**:

1: Winkel zwischen C1-T6-Horitontalen

2: Winkel zwischen CF-C1-T6

3: Winkel zwischen C1-CF-Vertikale

4: Winkel zwischen BN´-BN

A: Abstand zwischen CF-TS

B: Abstand zwischen CF-PS

2.3.1.6 Winkelbestimmungen an den Hintergliedmaßen

Weitere Studien beschäftigen sich vor allem mit der Frage der Motorik der Hintergliedmaße. GALISTEO et al. (1996) untersuchten die Winkel des Hüft-, Knie-, Sprung-, und Fesselgelenkes im Schritt an fünf andalusischen Pferden, während BACK et al. (1996) dies an Warmblütern durchführten. Die minimalen und maximalen Winkel des Hüft-, Knie-, Sprung- und Fesselgelenkes waren in beiden Studien ähnlich. Der minimale Winkel des Hüftgelenkes beträgt 92°, der maximale Winkel 123,8°. Das Kniegelenk hatte einen minimalen Winkel von 126,1°, einen maximalen Winkel von 165,4°. Das Sprunggelenk wies einen mini malen Winkel von 118,2° und einen maximalen Winkel von 162,7° auf. Der minimale Winkel des Fesselgelenkes betrug 112,7°, der maximale Winkel 217,9°. BACK et al. (1996) stellten fest, dass während der Standphase im Schritt das Sprunggelenk dauerhaft gebeugt war. Dagegen stellten HODSON et al. fest, dass die Flexion des Sprunggelenkes im Schritt nahe der mittleren Standphase, im letzten Drittel beginnt. Unterschiedlich zeigten sich der minimale Winkel des Hüft- und des Fesselgelenkes mit einer Differenz von 30° bzw. 25° bei dem Vergleich mehrer er Autoren (HODSON et al. 2001, GALISTEO et al. 1996) (s. Tab. 1).

Tab. 1:

Vergleichende Darstellung der maximalen und minimalen Winkel der Hintergliedmaße von Pferden (GALISTEO et al. 1996 und HODSON et al. 2001).

Winkel in Grad (°)	GALISTEO et al. 1996		HODSON et al. 2001	
	MAX	MIN	MAX	MIN
Hüftgelenk	123,8	92	122,9	65,7
Kniegelenk	165,4	126,1	162	126,9
Sprunggelenk	162,7	118,2	167,6	125,2
Fesselgelenk	217,9	112,7	214	151,1

2.3.1.7 Beeinflussung kinematischer Parameter

2.3.1.7.1 Laufbandgewöhnung

Die Gewöhnung der Pferde an die Untersuchungsbedingungen auf dem Laufband bedarf einiger Zeit. Eine schnellere Gewöhnung tritt bei schnelleren Gangarten ein (BUCHNER et al. 1994a). Um eine gleichmäßige Bewegung von Pferden auf dem Laufband zu erreichen sind mindestens drei Trainingszeiten von jeweils 5 Minuten notwendig (FREDERICSON et al. 1983, BUCHNER et al. 1994a). Auch erfahrene Pferde benötigen bei jedem neuen Start eine gewisse Zeit, um die Bewegungen zu stabilisieren (BACK u. CLAYTON 2001).

2.3.1.7.2 Hautverschiebung der Marker

Die Bewegungskurven anatomisch relevanter Lokalisationen werden mit sog. Markern erfasst, die meistens auf der Haut des Pferdes fixiert werden, obwohl die relative Verschiebung der Marker auf der Haut aufgrund von Weichteilbewegungen über den Knochenpunkten die Aufzeichnung biomechanischer Abläufe beeinflussen kann.

Erste Untersuchungen zur Analyse der Markerverschiebungen wurden mit chirurgisch am Knochen fixierten Markern im Vergleich zu nicht invasiven Hautmarkern durchgeführt (VAN WEEREN et al. 1988). Im proximalen Teil der

Gliedmaße entstehen stärkere Dislokationen der Marker als distal. Dennoch können Verschiebungen der Hautmarker vernachlässigt werden, da sie interindividuell gleichartig variieren (VAN WEEREN et al. 1992, CLAYTON u. SCHAMHARDT 2001). Im Gegensatz dazu stellten SHA et al. (2004) und PFAU et al. (2007) bei Untersuchungen für die Entwicklung von Korrekturmodellen fest, dass sowohl im Bereich des Karpal- und Tarsalgelenks als auch im Bereich des Knie- und des Hüftgelenks erhebliche Verschiebungen der Marker über der Haut auftreten. Deshalb sollten dort erhobene Daten nicht ohne Korrekturmaßnahmen für absolute Winkelberechnungen genutzt werden (SHA et al. 2004). Dennoch teilen beide Arbeitsgruppen mit, dass die Anwendung von nicht invasiven, an der Haut fixierten Sensoren grundsätzlich eine ausreichende Methode für qualitative Untersuchungen darstellt.

Ergebnisse von Messungen mit chirurgisch und an der Haut fixierten Markern (FABER et al. 2001) an der Wirbelsäule des holländischen Warmblutpferdes zeigen nur eine geringgradige Beeinflussung durch die Hautverschiebung und stellen eine repräsentative Aussage zur Bewegungsanalyse der Wirbelsäule dar. RHODIN et al. (2009) beschreiben, dass Einschränkungen in Bezug auf die Anwendung des Korrekturmodels zu berücksichtigen sind. Zum einen ist der Korrekturfaktor zu nennen, der nur für den Standard Schritt und Trab entwickelt wurde, und zum anderen haben Körpergröße und Gewicht einen individuellen Einfluss auf die Markerverschiebung. Außerdem sei die Anwendung des Korrekturmodels nicht bei Shetlandponys möglich. Im Anschluss an die Züricher Untersuchungen (GÓMEZ ÁLVAREZ et al. 2006, 2009; RHODIN et al. 2005, 2009) kann bei interindividuellen Untersuchungen der Korrekturfaktor vernachlässigt werden.

GOFF et al. (2010) verglichen an der Haut fixierte mit chirurgisch fixierten Sensorplatten an der Wirbelsäule des Pferdes und untersuchten die Extension und Flexion, die laterale Bewegung sowie die axiale Rotation von Kreuz- und Darmbein im Schritt und im Trab. Sie stellten allgemein fest, dass die Wirbelsäulenbewegungen im Schritt mit chirurgisch fixierten Sensoren deutlich größer sind als im Trab. Im Trab sind die laterale Beweglichkeit, die Extension/Flexion und die axiale Rotation an den an der Haut fixierten Sensoren aufgrund der Muskelbewegungen signifikant größer als mit chirurgisch fixierten Sensoren. Im Schritt wurde ein signifikanter Anstieg der Extension/ Flexion mit auf der Haut fixierten Markern festgestellt. (GOFF et al. 2010).

2.3.2 Kinetik

Die Kinetik befasst sich mit der Analyse von Kräften, die der Bewegung zugrunde liegen. Sie werden von der Muskulatur erzeugt und führen zu Rotationsbewegungen der einzelnen Gliedmaßenabschnitte und somit zur Fortbewegung (BACK u. CLAYTON 2001). Die während der Stützbeinphase zwischen Pferdehuf und Boden auftretenden Kräfte werden mittels Kraftmessplatten oder -schuhen gemessen, dokumentiert und ausgewertet.

2.3.2.1 Kraft- und Druckmessplattensysteme

Mit Mehrkomponentenkraftmessplatten können durch unterschiedlich angeordnete Quarzringe die Bodenreaktionskräfte nach dem piezoelektrischen Prinzip ermittelt werden. Dadurch können Gesamtkräfte in vertikale, horizontale und transversale Komponenten aufgeteilt werden (BACK u. CLAYTON 2001). Die Untersuchungen mit Kraftmessplatten (KMP) kommen seit den 1970er Jahren beim Pferd zur Anwendung und sind von PRATT et al. (1976) eingeführt worden. Die Methode gilt als der Goldstandard in der Messung absoluter Kräfte (PERINO et al. 2007; OOSTERLINCK et al. 2010). Es handelt sich um Metallplatten, die in den Boden eingelassen und dort frei beweglich aufgehängt sind. Eine Verbindung dieser Platten mit Kraftmesszellen ermöglicht die Ermittlung der Kraft in den drei Raumrichtungen (DOHNE 1991).
An gesunden holländischen Warmblutpferden erstellten MERKENS at al. (1993a) aus den drei Kraftkomponenten deren physiologisches Belastungsmuster für Schritt, Trab und Galopp (MERKENS et al. 1986; 1993a; 1993b). Um eine Unterscheidung dieses Musters von dem lahmender Pferde treffen zu können, wurde von MERKENS et al. 1988 ein spezieller Index entwickelt, mit dem das Bewegungsmuster der vier Gliedmaßen eines Pferdes präzise untersucht werden kann.
Kraftmessplatten (KMP) wurden in der Bewegungsanalyse häufig auch in Kombination mit anderen kinetischen Methoden, wie implantierten

Dehnungsmessstreifen (RIEMERSMA et al. 1988a; 1988b) oder Accelerometern (BIAU et al. 2002) eingesetzt.

Der Nachteil von in die Vorführbahn eingelassenen ca. 0,5m² großen KMP ist, dass oft mehrere Versuche für einen auswertbaren Treffer notwendig sind (MERKENS et al. 1986; SCHAMHARDT et al. 1993). Außerdem kann jeweils nur ein einzelner Schritt einer Gliedmaße untersucht werden. Diesbezüglich stellt die Entwicklung des KAEGI Equine-Gait-Analysis-Systems einen Fortschritt dar. Hier kann die vertikale Kraftverteilung von vier bis zehn Fußungen auf einer vier Meter langen und 1,2 Meter breiten Messzone, welche aus 160 hochempfindlichen, aneinandergereihten Kraftaufnehmern besteht, im Seitenvergleich dargestellt werden (AUER u. BUTLER 1985). Das Funktionsprinzip besteht in einer hydrostatischen Druckerhöhung innerhalb der mit Flüssigkeit gefüllten Sensoren, die über ein piezoelektrisches Element in elektrische Impulse umgewandelt wird. Der Messbereich ist in den Verlauf einer gummibedeckten 35 Meter langen Vorführbahn integriert. AUER u. BUTLER (1985) nutzten das KAEGI Equine-Gait-Analysis-System für die Lahmheitsdiagnostik und zur Evaluierung unterschiedlicher orthopädischer Beschläge.

HUSKAMP et al. (1990) führten mit dem KAEGI Equine-Gait-Analysis-System Untersuchungen zum Bewegungsmuster 31 hufrollenerkrankter Pferde durch und verglichen die Ergebnisse mit dem an 60 orthopädisch gesunden Pferden erhobenen Standard. Dabei konnten sie deutliche Abweichungen, wie insbesondere geringere vertikale Fußungskräfte und eine kürzere Stützbeinphase, bei an Podotrochlose erkrankten Pferden feststellen. WEISHAUPT et al. (2002) etablierten in der Schweiz ein Modell zur Kraftmessung auf dem Laufband. Es gelang ihnen, die Belastungsverhältnisse aller vier Gliedmaßen gleichzeitig und kontinuierlich unter standardisierten Bedingungen zu erfassen. Dieses konnte durch die Montierung von 18 piezoelektrischen Kraftsensoren zwischen die Widerlager und die Stahlplattform des Laufbandgürtels erreicht werden. Aus den erfassten vertikalen Kräften und den Daten eines Ortungssystems können so die Kraftkurven für jede einzelne Gliedmaße mithilfe eines Gleichungssystems errechnet werden. Mit diesem instrumentierten Laufband erstellten WEISHAUPT et al. (2004) ein Belastungsmuster von gesunden Warmblutpferden im Trab. Außerdem fanden mit der Videoanalyse kombinierte

Untersuchungen unter anderem zur Beurteilung des Hufbeschlags (WEISHAUPT et al. 2006a), zur Analyse der Passage (WEISHAUPT et al. 2009), zur Auswirkung verschiedener Kopf-Hals-Haltungen bei Dressurpferden (RHODIN et al. 2005; 2009, GÓMEZ ÁLVAREZ et al. 2006; WALDERN et al. 2009) und zur Veränderung der Belastungsverhältnisse im Leichttraben (ROEPSTORFF et al. 2009) statt.
Bereits 2003 wurde eine Druckmessplatte, jedoch nicht in Kombination mit einer Kraftmessplatte, von ROGERS und BACK (2003) zu statischen Messungen mit drei unterschiedlichen Beschlägen genutzt, um deren Auswirkung auf die Belastungsverhältnisse der Hufrolle zu evaluieren. Mit dieser solitären Druckmessplatte ist eine kostengünstige, schnelle und mobile Möglichkeit der Bewegungsanalyse gefunden worden (OOSTERLINCK et al. 2009). Die Ergebnisse dieser Studie zeigen unter anderem, dass die Verwendung von Keilschuhen zu einer Verminderung der Lastaufnahme der Vordergliedmaße im Stand führen (ROGERS u. BACK 2003). Bei Untersuchungen an Ponys im Schritt und Trab konnte eine gute Symmetrie in der Belastung beider Vordergliedmaßen und eine akzeptable Variabilität verschiedener absoluter Kraftwerte festgestellt werden (OOSTERLINCK et al. 2010). In einem direkten Vergleich der Druckmessplatte zur Kraftmessplatte zeigte sich, dass die Dauer der Stützbeinphase und relative Werte, wie der Zeitpunkt der Maximalkraft, zuverlässig ermittelt werden können, wohingegen die Messergebnisse absoluter Kraftwerte nicht direkt mit denen von Kraftmessplatten vergleichbar sind (OOSTERLINCK et al. 2009).

2.3.2.2 Kinetische Untersuchungen auf dem Laufband

Es hat sich gezeigt, dass Änderungen der Kopf-Hals-Positionen einen signifikanten Einfluss auf die Kinetik der Vorder- und Hintergliedmaße haben (BIAU et al. 2002). Die Verwendung von Gummizügeln sowie Chambons und Back lift steigern die Aktivität, die Propulsion und den Antrieb der Vordergliedmaße im Trab. Zusätzlich kommt es bei der Anwendung von Chambons zu einer gesteigerten dorsoventralen Aktivität der Hintergliedmaße im Trab und zu mehr Antriebskraft der Hintergliedmaße im Schritt.

Das Back lift hingegen führt zu einer vermehrten dorsoventralen Aktivität der Vordergliedmaße im Schritt sowie im Trab, aber zu einem verminderten Antrieb der Hintergliedmaße. Gummizügel haben den größten Einfluss auf den Antrieb der Vordergliedmaße im Trab und die vertikale Elastizität der Hintergliedmaße im Schritt (BIAU et al. 2002).

Mit dem von WEISHAUPT et al. (2002) entwickelten instrumentierten Laufband und der Kombination von Standardzügel mit Ausbindezügel bei gerittenen Pferden stellten ROEPSTORFF et al. (2002) und BYSTRÖM et al. (2006) eine Verlagerung des Gewichts auf die Hintergliedmaße fest und damit einhergehend eine vermehrte Aktivität aus den Hinterbeinen.

RHODIN et al. (2008) konnten die Ergebnisse von ROEPSTORFF et al. (2002) und BYSTRÖM et al. (2006) bestätigen und stellten zusätzlich fest, dass das Ausbinden des Pferdes mit Standardzügeln oder mit Ausbindezügel die Schrittlänge, die Extension und Flexion des kaudalen Rückens sowie die Pro- und Retraktion der Vorder- und Hintergliedmaße in der hohen Kopf-Hals-Position reduziert.

Je höher der Kopf getragen wird (HNP5), desto mehr verringert sich die Standbeinphase und die vertikalen Impulse werden auf die Hinterbeine verlagert (WEISHAUPT et al. 2006).

WALDERN et al. (2009) beschreiben, dass im Vergleich zu den freien, unausgebundenen Kopf-Hals-Positionen (HNP 1 und HNP 6) in den Positionen, bei denen die Pferde den Hals tragen, sowohl in extrem hoher Ausrichtung als auch in tiefer (HNP 2, 3, 4, 5), die Gewichtsverlagerung von der Vorder- auf die Hintergliedmaße erfolgt. Insbesondere bei der extrem hohen Kopf-Hals-Position (HNP 5) lassen sich der stärkste Einfluss auf die Gewichtsverlagerung sowie ein Verlust der Taktreinheit des Ganges feststellen (WALDERN et al. 2009). Der direkte Vergleich zu gerittenen Pferden wurde durch die Untersuchung von WEISHAUPT et al. (2006) möglich. Im Rahmen dieser Untersuchung ließ sich feststellen, dass es bei gerittenen Pferden zu einer Umverteilung der vertikalen Impulse auf die Vorderbeine kommt. Dieses Resultat stimmt mit früheren Studien bezüglich des Einflusses des reiterlichen Gewichts auf die Gewichtsverteilung überein, die beschreiben, dass das Gewicht des Reiters die Vordergliedmaße mehr als die Hintergliedmaße belastet

(SCHAMHARDT et al. 1991; CLAYTON et al. 1999). Die generelle Tendenz der Gewichtsverteilung auf die Hintergliedmaße bei Beizäumung, wie sie bei ungerittenen Pferden beobachtet wurde, ist ähnlich aber bei gerittenen Pferden nicht ganz so ausgeprägt (WALDERN et al. 2009).

3 Material und Methode

3.1 Material

3.1.1 Probandengut

Die zehn Probanden dieser Studie waren Pferde der Klinik für Pferde der Stiftung Tierärztliche Hochschule Hannover und der Polizeireiterstaffel Hannover. Es handelte sich um 10 zum Zeitpunkt der Untersuchung lahmfreie Warmblutpferde (Tab. 2). Alle Pferde wurden an drei aufeinander folgenden Tagen an das Laufband gewöhnt und im Anschluss untersucht.

Die Pilotstudien wurden an einem fünfzehnjährigen Hannoveraner Wallach durchgeführt.

Tab. 2:

Darstellung von Rasse, Geschlecht, Gewicht, Alter und Nutzung der an der Studie teilnehmenden Pferde

Pferd (Nr.)	Rasse	Größe (cm)	Gewicht (kg KM)	Geschlecht	Alter (Jh.)	Nutzung
1	polnisches Warmblut	161	523	Stute	14	Freizeitpferd
2	Hannoveraner	167	593	Wallach	17	Freizeitpferd
3	Hannoveraner	150	508	Stute	17	Freizeitpferd
4	Hannoveraner	161	483	Stute	5	Freizeitpferd
5	Württemberger	174	622	Wallach	14	Polizeipferd
6	Oldenburger	173	635	Wallach	14	Polizeipferd
7	Hannoveraner	176	651	Wallach	8	Polizeipferd
8	Hannoveraner	167	563	Wallach	11	Polizeipferd
9	Oldenburger	169	591	Wallach	11	Polizeipferd
10	Hannoveraner	173	573	Wallach	9	Polizeipferd

3.1.2 Laufband

Die Untersuchungen fanden auf dem Hochgeschwindigkeitslaufband Mustang 2200® der Fa. Graber AG, Fahrwangen, Schweiz statt. Dieses Laufband kann auf Geschwindigkeiten zwischen 0,2 und 14 m/s eingestellt werden. Für die vorliegende

Arbeit wurden alle Pferde individuell bei einer bevorzugten Geschwindigkeit im Schritt von durchschnittlich 1,6 m/s (1,4 – 1,7 m/s) und im Trab bei 3,1 m/s (2,9 – 3,2 m/s) ohne Steigung des Laufbandes untersucht.

3.1.3 3-D- Hochfrequenzkameras

Die Bewegungen der Pferde wurden von drei Hochfrequenzkameras (Basler A 504 kc, Fa. Basler AG, Ahrensburg, Deutschland) aufgezeichnet. Es wurden zwei Weitwinkelobjektive, Zeiss Planar T* 1,4/50 ZF und ein Normalobjektiv Zeiss Distagon T* 2,0/35 ZF (Fa. Karl Zeiss AG, Oberkochen, Deutschland) verwendet. Um die Position eines Markers im dreidimensionalen Raum berechnen zu können, sollte dieser von mindestens zwei Hochfrequenzkameras gleichzeitig erfasst werden. Des Weiteren sollte der Winkel zwischen den zwei Hochfrequenzkameras und dem Probanden zwischen 60° und 90° betragen, um eine zu verlässige automatische Erfassung jedes einzelnen Markers am Pferdkörper zu ermöglichen.

Die analogen Videodaten wurden über Camera Link™ Kabel (3M Deutschland GmbH, Neuss, Deutschland) auf den Rechner übertragen und dort mit dem Karbon CL Frame Grabber (Fa. BitFlow, Inc. Woburn, MA, USA) digitalisiert.

Die Kameras waren während der Aufnahmen in einer Entfernung von der Mitte und von rechts 9,50 m und von links 11,50 m, seitlich von dem Pferd in einer Höhe von 2 m positioniert. Die Kameras erstellten digitale Bilder in einer Geschwindigkeit von 250 Hz bei einer Auflösung von 640 x 480 Pixel und einer Aufnahmezeit von 12 sec. Die Auswertung erfolgte später am Computer.

Abb. 7:

Hochfrequenzkamera mit LED- Lampe und Camera Link™ Kabel

3.1.4 Druckverteilungsmess-System

Die Druckmessung an den Vordergliedmaßen erfolgte unter Verwendung des Druckverteilungsmess-Systems Hoof™-System der Firma Tekscan®, Inc. South Boston, MA, USA.

Das Tekscan®-Hoof™-System ermöglicht die biungulare palmare Druckverteilungsmessung mittels einer dünnen Sohle (s. Abb. 8), die flächendeckend über 4 Sensoren/cm² verfügt. Die Sohle kann mit einer Schere zugeschnitten, individuell an die jeweilige Hufform angepasst und durch Fixation mit doppelseitigem Klebeband und Gewebeklebeband am Pferdehuf befestigt werden.

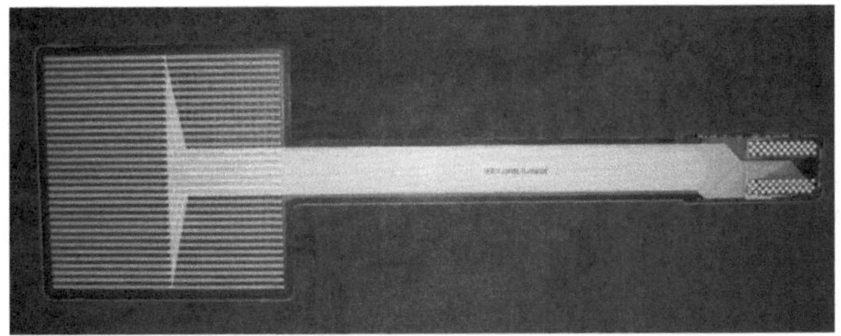

Abb. 8:

Hufsensorplatte der Firma Tekscan®-Hoof™-System zur Druckverteilungsmessung

Die Übertragung der Daten vom Hufsensor zum Datenabnehmer (s. Abb. 9), der mittels Gamaschen am Pferdebein fixiert war, erfolgte über einen Steg. Dieser Datenabnehmer führte Widerstandsmessungen durch, indem der Analogzustand der Leitfähigkeit der einzelnen Messpunkte abgefragt wurde (Multiplexing).

Abb. 9:

Proband mit individuell an die Pferdehufe angepassten Sensorfolien, Datenabnehmer und Übertragungskabel

Legende zu **Abb. 9**:

1 an den Pferdehuf angepasste und fixierte Sensorfolie

2 mittels Gamaschen befestigter Datenabnehmer

3 Übertragungskabel

Die digitalisierten Werte wurden über ein Kabel auf den Datalogger übertragen und über eine USB-Verbindung auf den Aufnahmecomputer übertragen (s. Abb. 10)

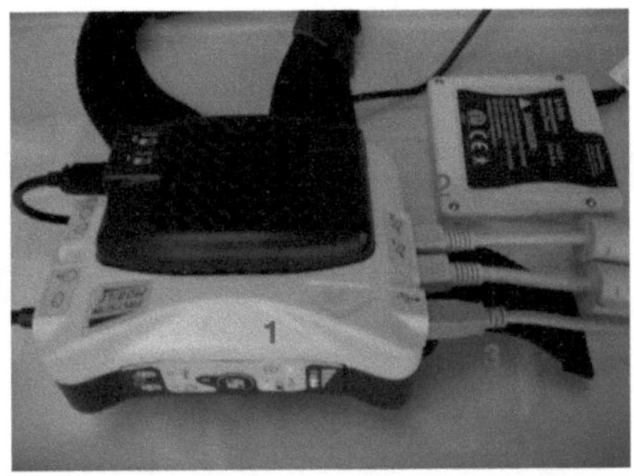

Abb. 10:

Datalogger zur Speicherung der Aufnahmen mit Stromversorgung (Akku) und USB-Verbindungskabel zur Übertragung auf den Computer

Legende zu **Abb. 10:**

1 Datalogger
2 Stromversorgung (Akku)
3 USB- Verbindungskabel

3.1.5 Marker und Beleuchtung

Die Positionierung der Marker (Fa. Simi, Unterschleissheim, Deutschland) auf dem Pferdekörper erfolgte nach Adspektion und Palpation der dafür vorgesehenen anatomischen Strukturen (s. Abb. 11). Die 29 passiven Marker hatten eine Größe von ca. 25 mm. Sie wurden nach Reinigen der Haut mit Alkohol mit doppelseitigem NOPI-Klebeband befestigt und beginnend am Kopf über den Rücken und von den Hintergliedmaßen zu den Vordergliedmaßen nummeriert.

Mit Hilfe von drei LED-Leuchten (Fa. Simi, Unterschleissheim, Deutschland) auf Höhe der Kameras und in deren Erfassungsbereich gerichtet, erfolgte die Beleuchtung während der Aufnahmen.

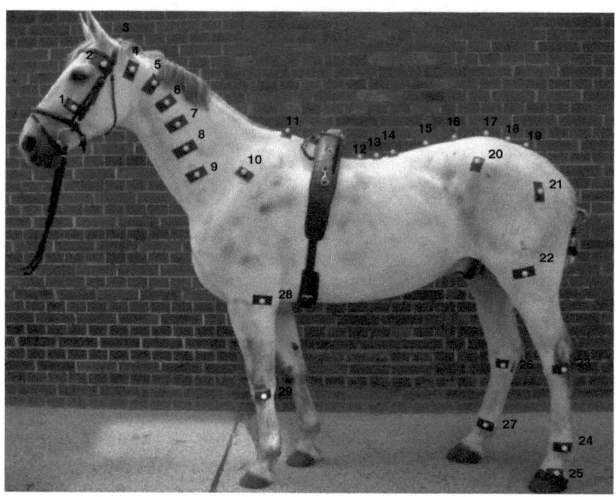

Abb. 11: 29 Markerpositionen (s. Legende)

Legende zu **Abb. 11**:

1. Crista facialis
2. Arcus zygomaticus
3. Crista nuchae (Genick)
4. Atlas
5. Axis
6. C3
7. C4
8. C5
9. C6
10. Spina scapulae
11. Widerrist
12. Th 14
13. Th 16
14. Th 18
15. L 2
16. L 4
17. Tuber sacrale
18. S 3
19. S 5
20. Tuber coxae HL
21. Trochanter major des Os femoris HL
22. Condylus lateralis des Os femoris HL
23. Ossa tarsi HL
24. Art. metacarpophalangea HL
25. Kronsaum lateral HL
26. Ossa tarsi HR
27. Art. metacarpophalangea HR
28. Radius proximal VL
29. Ossa carpi

3.1.6 Hardware und Software

Die Aufnahmen und Speicherung der Videos erfolgte mit einem Rechner mit einem Arbeitsspeicher aus 16 RAM- Blöcken mit jeweils 2GB sowie acht Festplatten von je 750 GB und zwei Intel Xeon 1550 Dual Core Prozessoren und der Software SIMI Grab (Fa. Simi, Unterschleissheim, Deutschland). Die Analyse der Videoaufnahmen erfolgte mit einem Rechner mit einem Arbeitsspeicher aus zwei DDR3 RAM-Blöcken mit je 4 GB und einer 1TB-Festplatte und einem Intel Core i7 Prozessor® nach Digitalisierung („tracking") mit der Analysesoftware Simi Motion. Die gewonnenen Daten wurden direkt in Form von avi-Dateien auf der Festplatte aufgezeichnet und nach Komprimierung der Filme mit dem Programm Virtual Dub in Microsoft Excel® bearbeitet.

Für die Aufzeichnung der maximalen Bodenreaktionskräfte wurde die Software des *Hoof*™- Systems (Fa. Tekscan ®, Inc., South Boston, MA, USA) verwendet.

3.1.7 Kalibrierungssystem

Das hier verwendete Kalibrierungssystem für die Videoanalyse besteht aus einem 2,50 m hohen quaderförmigen Aluminiumgestell. Das quaderförmige Gestell wurde an zwei verschiedenen Stellen, im Bereich der Vorder- und der Hintergliedmaße aufgestellt und es wurden jeweils 2 Videos von wenigen Sekunden aufgenommen (s. Abb. 12).

Abb. 12: Quaderförmiges Aluminiumgestell für die Kalibrierung des Videosystems

Der Abstand zwischen den beiden Positionen des Quaders betrug zwei Meter. Die X-Achse des Koordinatensystems zeigte dabei in Bewegungsrichtung, die Z-Achse nach oben und die Y-Achse vom Betrachter weg. Das Ausrichten des Quaders erfolgte mittels einer Wasserwaage.

Für die Kalibrierung des Druckmesssystems wurde das Gewicht der Vorhand jedes einzelnen Pferdes ermittelt. Dazu wurden die Pferde mit den Vordergliedmaßen in natürlich getragener Kopf-Hals-Position und in ruhiger, geschlossener Stellung auf einer ebenerdigen Waage positioniert.

Anschließend wurden im Stehen auf dem Laufband die beiden Hufsensoren kalibriert.

3.2 Untersuchungsablauf

3.2.1 Kopf-Hals-Positionen

Die drei unterschiedlichen Kopf-Hals-Positionen (Head-Neck-Positions = HNP´s) wurden durch Standardzügel sowie zusätzlich durch Gummiausbindezügel an den Gebissringen eingerichtet (Vgl. Kapitel 2). Die Evaluierung der unterschiedlichen Positionen erfolgte durch drei erfahrene Dressurreiter. In Anlehnung an die Züricher Untersuchungen wurden folgende Haltungen angestrebt:

HNP 1: frei, natürlich, unausgebunden

HNP 2: Genick als höchster Punkt und die Nase vor der Senkrechten

HNP 4: tiefe Einstellung mit der Nase deutlich hinter der Senkrechten

Abb. 13:

Kopf-Hals-Positionen, Illustration: Matthias Haab aus RHODIN 2008

3.2.2 Videoaufnahmen

Alle Pferde wurden nach einer zehnminütigen Gewöhnungsphase im Schritt und im Trab bei individueller Geschwindigkeit trainiert, bis sie sicher und gleichmäßig auf dem Laufband gingen. Die Marker wurden außerhalb des Laufbandes an Kopf, Rücken und Gliedmaßen der Pferde befestigt. Nach einer erneuten, fünf-minütigen Eingewöhnungsphase bei 1,5 m/s im Schritt und 3,1 m/s im Trab erfolgten die Messungen sowohl mit der Videokamera von frontal als auch mit den Hochfrequenzkameras von der Seite.

Mit den Hochfrequenzkameras wurden Filmsequenzen von 12 Sekunden gespeichert bei einer Frequenz von 250 Hz. Pro Pferd wurde je eine Aufnahme im Schritt und Trab bei drei unterschiedlichen Kopf-Hals-Positionen aufgezeichnet. Insgesamt wurden sechs Aufnahmen pro Pferd gespeichert.

Nach Aufnahme der Bewegung mit den drei Hochfrequenzkameras wurden zunächst die Videosequenzen der Kalibrierung von allen verwendeten Kameras eingespielt, die Videodateien anschließend zunächst in Form von avi-Dateien auf der Festplatte des Computers gespeichert, mit dem Programm Virtual Dub komprimiert und dann mit SIMI Motion analysiert.

3.2.3 Druckmessung

Die Druckmessaufnahmen wurden pro Pferd und pro Kopf-Hals-Position im Schritt und im Trab mit einer Aufnahmefrequenz von 250 Hz bei einer Aufnahmezeit von 12 Sekunden aufgenommen. Davor wurden die Hufsensorplatten punktkalibriert. Die Bearbeitung der kinetischen Daten erfolgte im Anschluss an die Aufnahmen mit der Research-Software von Tekscan®.

3.3 Bearbeitung kinematischer Daten

3.3.1 Analysesoftware Simi Motion

Zur Bearbeitung der Videofilme wurden diese zunächst komprimiert und dann in das Bewegungsanalyseprogramm Simi Motion eingespielt. In diesem Programm wurde für jeden Probanden ein eigenes Projekt erstellt, in dem die 18 Videofilme für Schritt und Trab gespeichert wurden.

Zunächst wurde eine sogenannte Spezifikation (Benennung) für die 29 Marker einzeln festgelegt und in jedes Projekt übertragen. Die Spezifikation erfolgte nach der anatomischen Lage (s. Abb. 11).

In einem weiteren Schritt wurde der Raum, in dem die Markerbewegungen stattfanden, kalibriert. Dies erfolgte mit Hilfe der Videosequenz des Kalibrierungsquaders jeweils einmal für alle Untersuchungen eines Aufnahmetages. Dazu wurde eine Liste mit den X-, Y-, Z- Koordinaten von 19 Kalibrierungspunkten erstellt. In einem weiteren Schritt wurden die einzelnen Punkte des Koordinatensystems miteinander verbunden, sodass ein Quader entstand. Abschließend wurden die Abstände der Koordinaten (Punktverbindungen) in das Programm eingegeben, um die so entstandenen Kalibrierungsdateien in die einzelnen Projekte zu laden. Als Kalibriermethode wurde das DLT-16 Verfahren (Direct Linear Transformation) verwendet. Die Kalibriermethode beinhaltet eine radiale Verzeichniskorrektur für Weitwinkelobjektive. Bei dieser Spezialform wurden zusätzlich zu den 11 Kameraparametern des normalen DLT- Verfahrens weitere 5 Verzeichnungsparameter für die Kameras bestimmt und daraus die Kalibriermatrix für jede Kamera gebildet.

Das Bewegungsanalyseprogramm erkennt und verfolgt die Marker automatisch („tracking“). Dafür werden in einem ersten Vorgang vom Rechner alle runden, leuchtenden Punkte auf dem Film automatisch erfasst und mit Zahlen versehen. Diese automatische Verfolgung der Marker geschieht in allen drei Kameraperspektiven gleichzeitig. In einem zweiten Schritt wurden die erfassten Punkte alle einzeln vom Benutzer manuell bestätigt und konnten der jeweiligen Spezifikation zugeordnet werden. Dieser Vorgang musste für jeden Marker einzeln durchgeführt werden und fand anschließend für jede Kamera einzeln statt. Somit waren pro Kameraperspektive mindestens 29 manuelle Zuordnungen nötig. Im Anschluss an diesen Vorgang konnten aus den zweidimensionalen Daten der drei Kameras die dreidimensionalen Koordinaten der 29 Marker mit Hilfe der Software berechnet werden.

Zusammenfassend wurden im Rahmen dieser Studie zehn Projekte mit jeweils 18 Videoaufnahmen, mit ca. 720 Einzelsequenzen im Schritt und ca. 1260 Einzelsequenzen im Trab erstellt und analysiert.

Mit den dreidimensionalen Daten konnten im Anschluss verschiedene Berechnungen durchgeführt und die Ergebnisse graphisch dargestellt werden. Außerdem konnten dreidimensionale Strichgrafiken der bewegten Gliedmaßen als Verbindungen der Marker erstellt und in dreidimensionaler Ansicht abgespielt werden.

3.3.2 Vorbereitung der kinematischen Daten

Mit Hilfe des Videostandbildes wurden jeweils drei Punkte markiert, deren Verbindungen den zu untersuchenden Gelenkwinkel bilden. Es wurden die Winkel zwischen Kopf und Hals und die Winkel an den Hintergliedmaßen berechnet.

Tab. 3:

Bezeichnung der untersuchten Winkel

Bezeichnung des Winkels	**Markerbezeichnung**		
	1. Schenkel	***Scheitel***	***2.Schenkel***
Atlantooccipital α_{AO}	Crista facialis	Genick	Atlas
Cervicothorakal α_{CT}	C4	C6	Th 5
Stirn-Nasenlinie α_{SN}	Crista facialis	Arcus zygomaticus	x-y-Ebene
Hüftgelenk α_{HG}	Tuber coxae	Trochanter major	Condylus lat.
Kniegelenk α_{KG}	Trochanter major	Condylus lat.	Ossa tarsi
Sprunggelenk α_{SG}	Condylus lat.	Ossa tarsi	Art. metacarpophalangea
Fesselgelenk α_{FG}	Ossa tarsi	Art. metacarpophalangea	Kronsaum lat.

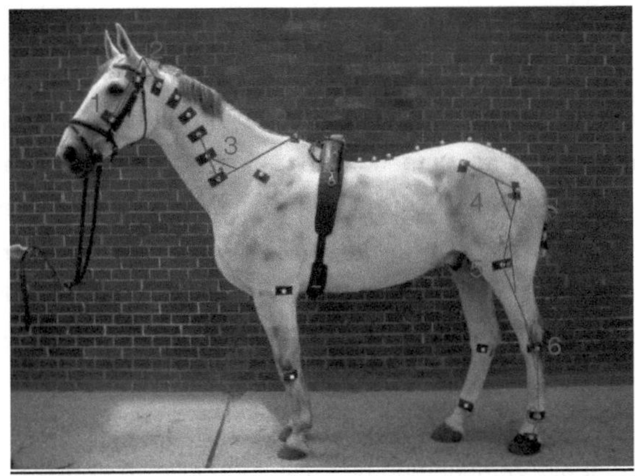

Abb. 14:

Darstellung der untersuchten Winkel

Legende zu **Abb. 14**:

1. Winkel Stirn-Nasenlinie zur x/y Ebene α_{SN}
2. Atlantooccipitaler Winkel α_{AO}
3. Cervicothorakaler Winkel α_{CT}
4. Winkel Hüftgelenk α_{HG}
5. Winkel Kniegelenk α_{KG}
6. Winkel Sprunggelenk α_{SG}
7. Winkel Fesselgelenk α_{FG}

Zur Bestimmung der maximalen und minimalen Amplitude der Wirbelsäule wurden ausschließlich die *vertikalen* Bewegungen der neun Marker auf der Wirbelsäule des Pferdes (Th5, Th14, Th16, Th8, L2, L4, Tuber sacrale, S3, S5), d.h. deren Z-Koordinaten, in Betracht gezogen.

Die jeweiligen Winkel während der Bewegung wurden dem Programm SIMI Motion als Kurven ausgegeben und nachfolgend in Microsoft Excel® zur weiteren Auswertung überführt.

3.3.3 Berechnung der Kopf-Hals Winkel

Mit der Software Simi Motion wurden die Kopf-Hals Winkel (atlantooccipitaler α_{AO} und cervicothorakaler Winkel α_{CT}) sowie der Winkel der Stirn-Nasenlinie α_{SN} zur x-/y Ebene bestimmt. Es wurde angenommen, dass die Pferde ihren Kopf in der Sagittalebene halten, damit Parallaxen weitgehend vermieden wurden. Mit Hilfe des kartesischen Koordinatensystems wurden die Bewegungen auf der x- und der y-Achse in horizontaler Ebene erfasst, wobei die x-Achse in Laufrichtung des Pferdes, die y-Achse in horizontaler Ebene vom Betrachter weg und die z-Achse vertikal ausgerichtet war.

Abbildung 15 zeigt die Veränderung des atlantooccipitalen Winkels α_{AO} im Winkel-Zeit-Diagramm während einer 2,5 sec. Aufnahme im Schritt bei der freien, natürlichen Kopf-Hals-Position (HNP 1) eines Probanden (Pferd D). In der Abbildung 17 ist der cervicothorakale Winkel α_{CT} in der gleichen Kopf-Hals-Position und in Abbildung 18 ist der Winkel der Stirn-Nasenlinie α_{SN} zur x/y-Ebene dargestellt.

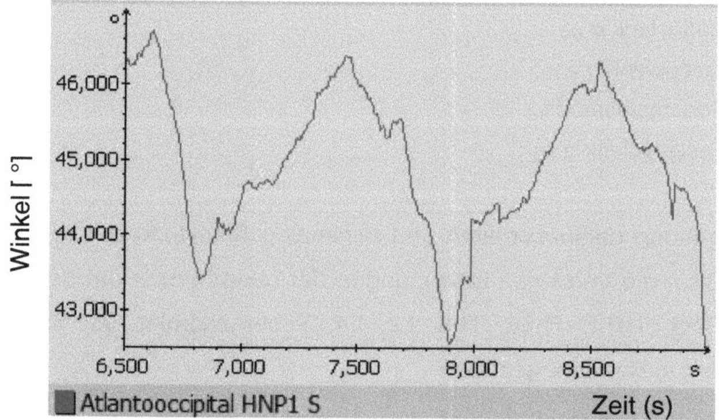

Abb. 15:

Winkel-Zeit-Diagramm des atlantooccipitalen Winkels α_{AO} eines Pferdes in der freien Kopf-Hals-Position (HNP 1) im Schritt

Legende zu **Abb. 15, 16, 17:**

HNP 1 S : Kopf-Hals Position 1 im Schritt

s : Sekunde

° : Grad (Einheit der Winkel)

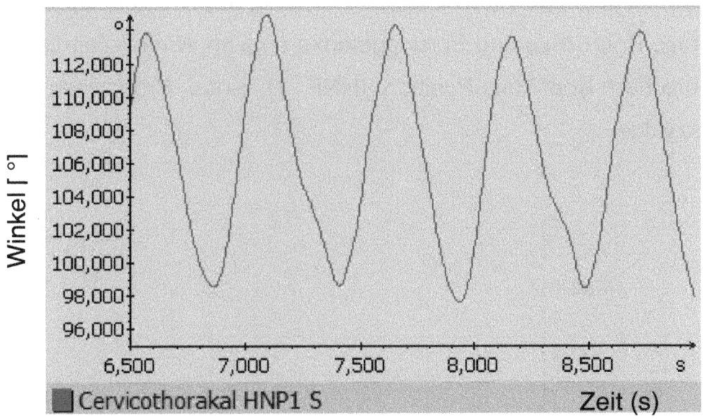

Abb. 16:

Winkel-Zeit-Diagramm des cervicothorakalen Winkels α_{CT} eines Pferdes in der freien Kopf-Hals-Position (HNP 1) im Schritt

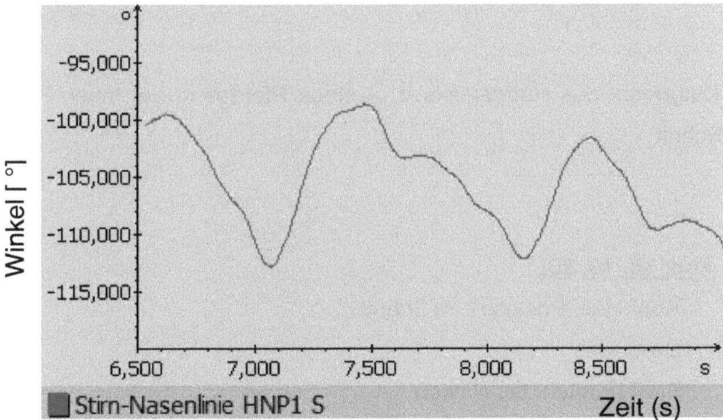

Abb. 17:

Winkel-Zeit-Diagramm des Winkels der Stirn-Nasenlinie α_{SN} zur x/y-Ebene eines Pferdes in der freien Kopf-Hals-Position (HNP 1) im Schritt

3.3.4 Berechnung der Gliedmaßenwinkel

Die Bestimmung der Winkel von Hüft- α_{HG}, Knie- α_{KG}, Sprung- α_{SG} und Fesselgelenk α_{FG} erfolgte analog zu den Winkeln im Kopf-Hals-Bereich mit Hilfe der mit Markern versehenen anatomischen Lokalisationen (s. Abb. 11).

Die folgenden Abbildungen (Abb. 18, 19, 20) zeigen jeweils beispielhaft den Winkel des Hüft- α_{HG}, Knie- α_{KG} und Sprunggelenks α_{SG} im Winkel-Zeit-Diagramm bei der freien, natürlichen Kopf-Hals-Position (HNP 1) eines Probanden während eines Bewegungszyklus.

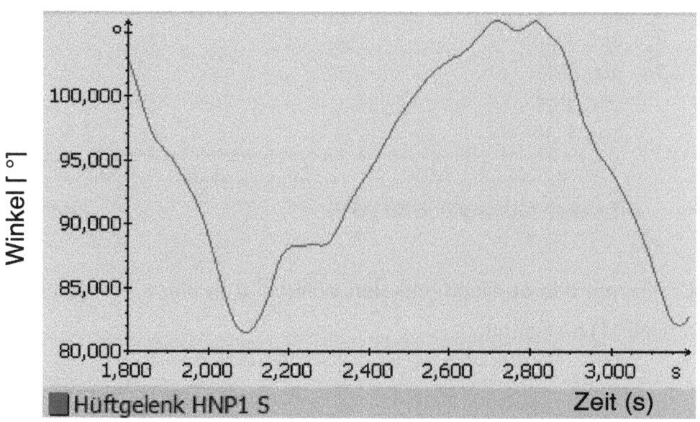

Abb. 18:

Winkel-Zeit-Diagramm des Hüftgelenks α_{HG} eines Pferdes in der freien Kopf-Hals-Position (HNP 1) im Schritt

Legende zu **Abb. 18, 19, 20:**

HNP 1 S	: Kopf-Hals-Position1 im Schritt
s	: Sekunde
°	: Grad (Einheit der Winkel)

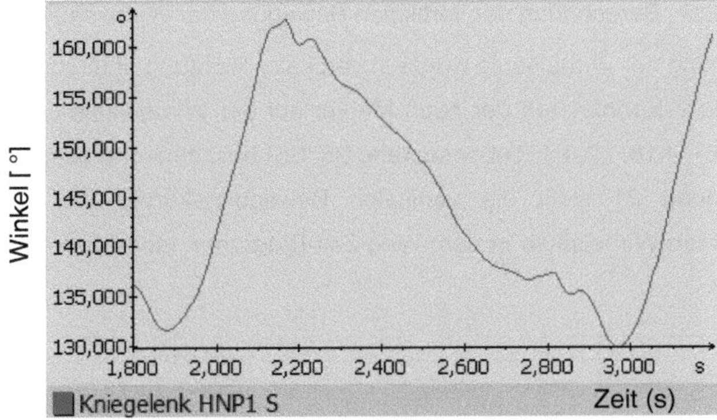

Abb. 19:

Winkel-Zeit-Diagramm des Kniegelenks α_{KG} eines Pferdes in der freien Kopf-Hals-Position (HNP 1) im Schritt

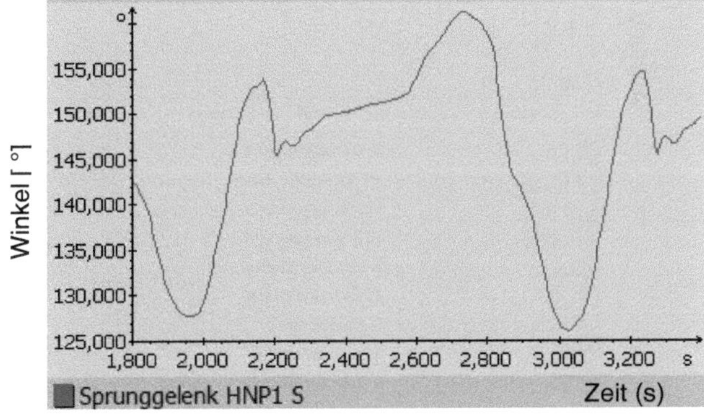

Abb. 20:

Winkel-Zeit-Diagramm des Sprunggelenks α_{SG} eines Pferdes in der freien Kopf-Hals-Position (HNP 1) im Schritt

3.3.5 Berechnung der vertikalen Bewegung der Wirbelsäulenmarker

Die Bewegung der Wirbelsäule wurde in vertikaler Richtung untersucht. Dazu wurden lediglich die Z-Koordinaten der neun Marker auf der Wirbelsäule des Pferdes (Th5, Th14, Th16, Th18, L2, L4, Tuber sacrale, S3, S5) bestimmt und ausgewertet.
Die Abbildung 21 stellt die vertikalen Bewegungskurven der thorakalen und lumbosakralen Wirbelsäule in dem Weg-Zeit-Diagramm eines Bewegungszyklus der Marker dar.

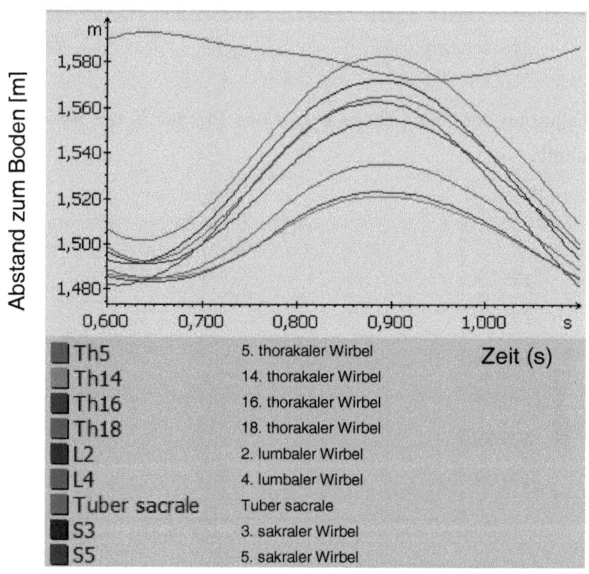

Abb. 21:

Weg-Zeit-Diagramm der vertikalen Bewegungen der thorakalen und lumbosakralen Wirbelsäule eines Pferdes in der freien Kopf-Hals-Position im Schritt

3.3.6 Bestimmung eines Bewegungszyklus

Unter einem Bewegungszyklus versteht man jenen Teil einer periodisch wiederkehrenden Bewegungsfolge, der von einer festgelegten Gliedmaßenposition bis zur Wiederkehr derselben auftritt. Der Weg, den das Pferd während eines Bewegungszyklus zurücklegt, wird als Bewegungszykluslänge (=Schrittlänge), die verstrichene Zeit als Bewegungszyklusdauer bezeichnet.

Die Dauer eines Bewegungszyklus wird in eine Stützbeinphase und eine Hangbeinphase unterteilt; diese werden in Relation zur Bewegungszyklusdauer als relative Stützbeinphasendauer bzw. relative Hangbeinphasendauer bezeichnet.

Die Bestimmung eines Bewegungszyklus erfolgte hier mit Hilfe der Hüftgelenkswinkel. Ein Bewegungszyklus (BWZ) ist demnach definiert als der Zeitraum zwischen zwei maximalen Winkeln des Hüftgelenkes. Den Beginn eines jeden Bewegungszyklus stellt der maximale Winkel des Hüftgelenks dar, welcher für jedes Pferd und jede HNP im Schritt und Trab bestimmt wurde. Wie in Abbildung 22 dargestellt entspricht der Bereich zwischen den beiden schwarzen Senkrechten einem Bewegungszyklus.

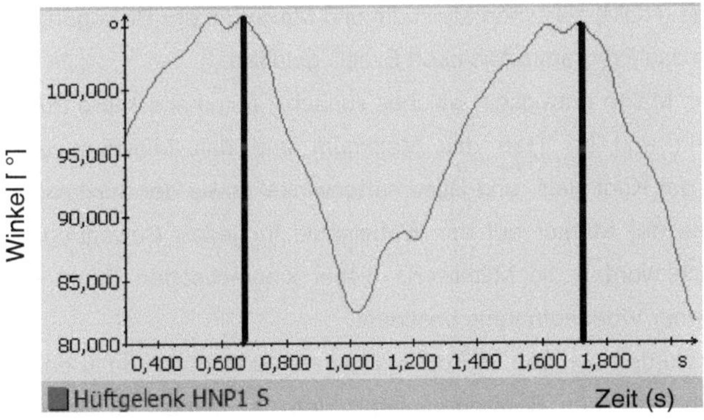

Abb.22:

Die kinematische Ermittlung eines Bewegungszyklus zwischen zwei Maxima der Hüftgelenkswinkel

Legende zu **Abb. 22:**

HNP 1 S	: Kopf-Hals-Position1 im Schritt
s	: Sekunde
°	: Grad (Einheit der Winkel)

3.3.7 Export der Daten

Aus dem Programm SIMI Motion wurden für jeden Probanden und für jede HNP im Schritt und im Trab die Kopf-Hals-Winkel (atlantooccipitaler α_{AO} und cervicothorakaler Winkel α_{CT}, Winkel Stirn-Nasenlinie α_{SN}), und die Winkel der Gliedmaßen (Hüft- α_{HG} -, Knie- α_{KG}, Sprung- α_{SG}, und Fesselgelenkswinkel α_{FG}) sowie die vertikalen Bewegungen der Wirbelsäulenmarker erfasst und als Textdateien (.txt) exportiert.
Zunächst wurden pro Aufnahme durchschnittlich 7-9 Bewegungszyklen im Schritt und 12-15 Bewegungszyklen im Trab zur Auswertung erfasst.

3.3.8 Computerberechnungen

Für die Berechnung der maximalen und minimalen Kopf-Hals- und Gliedmaßenwinkel (s. Abb. 14) und der Winkeldifferenzen (Bewegungsspanne) sowie der maximalen und minimalen Amplitude der Marker auf der Wirbelsäule und der Bewegungslänge (ROM) zwischen Minimum und Maximum der Bewegungskurve wurden die Daten in das Programm Microsoft Excel® geladen.
Außerdem wurde ein Makro entwickelt, welches zunächst automatisch pro Pferd und pro HNP im Schritt und im Trab das Maximum und das Minimum und die Bewegungsspanne der Kopf-Hals- und Gliedmaßenwinkel sowie der maximalen und minimalen Amplitude der Marker auf der Wirbelsäule für jeden Bewegungszyklus bestimmt. Schließlich wurden die Mittelwerte dieser kinematischen Daten für alle Bewegungszyklen einer Videoaufnahme bestimmt.
Zusammenfassend wurden von den im Kopf-Halsbereich und im Gliedmaßenbereich erfassten Winkel und von den Bewegungsamplituden der Marker im Bereich der Wirbelsäule, die Minima und Maxima und die Standardabweichung sowie die Bewegungsspanne im Durchschnitt für alle Probanden berechnet.

3.4 Bearbeitung kinetischer Parameter

Mittels der Pedobarographie wurde die auf den Huf unmittelbar einwirkende vertikale Bodenreaktionskraft (F_z) wie im Folgenden beschrieben erfasst:

3.4.1 Analysesoftware Tekscan® Research

Die Daten der Hufdruckmessung wurden in Form von fsx-Dateien in die Tekscan®-Software geladen und als Hufdruckbild (Abb.23) oder als Kraft-Zeit-Diagramm (Abb. 24) dargestellt.

Die Hufdruckbilder bestehen aus Sensorbildern mit einer Auflösung von 1089 Sensorzellen. Sie sind in 33 Zeilen und 33 Spalten angeordnet. Das Hufabbild, auch als imaginärer Hufabdruck bezeichnet, entsteht durch die Belastung der einzelnen Sensorzellen. Die Farbeinteilung wurde in einer Skalierung festgelegt, in der Rot die höchste und Blau dagegen die niedrigste Krafteinwirkung darstellt. Sensorzellen außerhalb des Hufabbildes, die nicht belastet werden, oder Sensorbilder während der Hangbeinphase wurden weiß dargestellt. Die Aufnahmefrequenz betrug 250 Hz, somit lagen Sensorbilder im Abstand von 0,004 s vor.

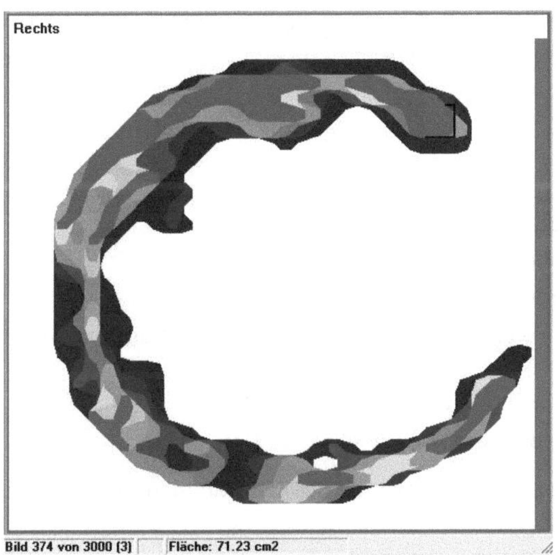

Abb. 23:

Darstellung eines Hufdruckbildes des rechten Vorderhufes eines gesunden Warmblutpferdes. Die Aufnahme wurde im Trab erstellt.

Legende zu **Abb. 23**:

F HNP 1 T R : Pferd F mit freier Kopf-Hals-Position (HNP1) im Trab, rechtes Vorderbein

Bild 374 von 3000 : entspricht dem oben genannten Zeitpunkt dieser Aufnahme

Fläche 71,23 cm² : belastete Sensorfläche zu dem oben genannten Zeitpunkt

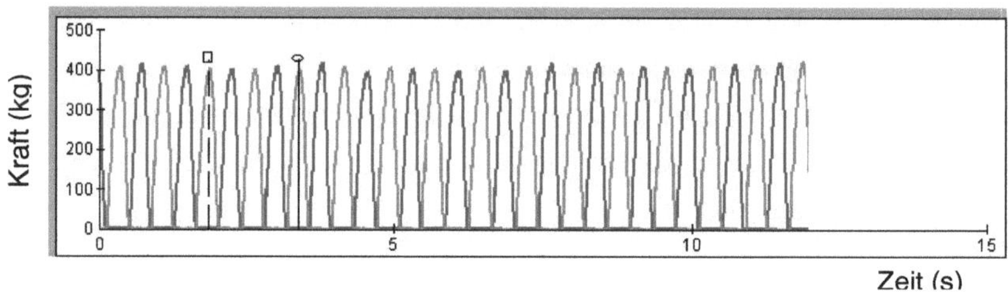

Abb. 24:

Kraft-Zeit-Diagramm während einer Aufnahme von 12 sec. im Trab mit 15 BWZ. Die vertikale Bodenreaktionskraft (F_z) während der Belastung sowohl des rechten (rot) als auch des linken (grün) Vorderhufes

Legende zu **Abb. 24**:

Grün: Kraft-Zeit-Diagramm des linken Vorderhufes

Rot: Kraft-Zeit-Diagramm des rechten Vorderhufes

Die beiden senkrechten Linien dienen der Ermittlung von Kräften zu bestimmten Zeitpunkten.

3.4.2 Aufbereitung der kinetischen Daten

Die Belastung der Sensoren wurde in Kilogramm erfasst und die Daten in fsx-Dateien gespeichert.

Die vertikalen Bodenreaktionskräfte (F_z) wurden im Programm Tekscan®-Research als Kurven dargestellt und die zugrundeliegenden Werte im ASCII-Format exportiert. Für jeden Probanden und jede Aufnahme wurde von den vertikalen Bodenreaktionskräften lediglich die in vertikaler Richtung (F_z) wirkende Spitzenkraft bestimmt und bei drei unterschiedlichen Kopf-Hals-Positionen im Schritt und im Trab verglichen.

3.4.3 Bestimmung der maximalen Bodenreaktionskraft

Die Bestimmung der maximalen Bodenreaktionskraft erfolgte in Microsoft-Excel®. Zunächst wurde die maximale Bodenreaktionskraft eines jeden BWZ für das rechte und linke Vorderbein ermittelt. Im Schritt wurde im Durchschnitt von 12 Schritten und im Trab von 17 Tritten die maximale Bodenreaktionskraft sowohl für das linke als auch für das rechte Vorderbein ermittelt. Um die durchschnittliche Belastung der Vorhand bei verschiedenen Kopf-Hals-Positionen zu bestimmen, wurde der Mittelwert der Maximalkräfte der ausgewählten BWZ beider Vordergliedmaßen in beiden Gangarten ermittelt. Insgesamt wurden dazu von 10 Pferden in 2 Gangarten mit 3 Kopf-Hals-Positionen 60 Aufnahmen ausgewertet.

3.5 Statistische Auswertung

Ziel der Untersuchung war, den Einfluss von drei unterschiedlichen Kopf-Hals-Positionen auf die Gliedmaßenwinkelung und auf die Lastverteilung der Vordergliedmaßen zu untersuchen.

Die Messungen der relevanten Parameter erfolgten in einem zeitlichen Abstand von 4 ms, d.h. während eines Versuchablaufs von ca. 12 Sekunden wurden von allen Parametern ca. 3000 Messdaten erhoben. Für die Ermittlung kritischer Parameter wie minimale und maximale Kopf-Hals- und Gliedmaßenwinkel innerhalb eines Bewegungszyklus wurden mittels gleitendem Mittel (*Moving Average*) die „Rauschterme“ geglättet.

Von allen Messwerten wurde eine deskriptive Statistik erstellt und die statistischen Lageparameter wie Mittelwert, Minimum, Maximum, Median sowie Quartile wurden z.T. mittels Boxplot grafisch dargestellt.

Die Verteilungen der Modellresiduen aller Parameter wurden mittels Q-Q-Plot sowie Shapiro-Wilk-Test geprüft. Die Annahme einer Normalverteilung wurde abgelehnt, für die weiteren Auswertungen wurden nichtparametrische Verfahren genutzt.

Die Unterschiede der minimalen und maximalen Gliedmaßenwinkel in Abhängigkeit der Kopf-Hals-Positionen wurden stratifiziert nach den Gangarten Schritt und Trab und mit einer einfaktoriellen Varianzanalyse für abhängige Messwerte berechnet.
Die Auswertungen erfolgten mit dem Statistikprogramm SAS, Version 9.2 (SAS Institute Cary, NC) im Institut für Biometrie, Epidemiologie und Informationsverarbeitung der Stiftung Tierärztliche Hochschule Hannover. Die Glättung der Messwerte mittels gleitendem Mittel erfolgte mittels der Prozedur „Expand“, die Auswertungen des linearen Modells nach Friedmann erfolgte mit der Prozedur „Freq“ mittels Cochran-Mantel-Haenszel-Statistik der Rank Scores.

Für die Irrtumswahrscheinlichkeit p wurden folgende Signifikanzstufen festgelegt:

	$p > 0{,}05$	-	nicht signifikant	-	n.s
0,01	$< p \leq 0{,}05$	-	signifikant	-	*
0,001	$< p \leq 0{,}01$	-	hoch signifikant	-	**
	$p \leq 0{,}001$	-	höchst signifikant	-	***

4 Ergebnisse

4.1 Methodik

4.1.1 Videoanalyse und Druckmessung

Mit zwei Weitwinkelobjektiven sowie einem Normalobjektiv konnte der gesamte Pferdekörper videographisch erfasst werden und die geringere Lichtstärke des Weitwinkelobjektives konnte durch den Einsatz leistungsstarker LED Lampen kompensiert werden. Diese ermöglichten die Erfassung der reflektierenden Marker sowohl durch das Weitwinkel- als auch durch das Normalobjektiv. Als Problem bei der automatischen Erfassung der Marker stellten sich helle Gegenstände oder weiße Stellen am Pferdekörper heraus, die sich in dem Strahl der LED Leuchten befanden, und reflektiert wurden. Irrtümlicherweise erfasste die Kamera diese Reflektionen gleichartig wie die Marker, wodurch der Analysevorgang gestört wurde. Aus diesem Grund wurden z.B. Teile des Laufbandrahmens und glänzende Stellen am Pferdekörper mit schwarzem Haarspray besprüht. Nicht selten konnten einzelne Markerpositionen innerhalb eines Bewegungszyklus durch Überlagerungen z.B. durch den Laufbandrahmen nicht kontinuierlich erfasst werden und führten zu lückenhaften Datenreihen. Die erhöhte Störanfälligkeit der Camera-Link-Kabel, zwischen den Hochfrequenzkameras und dem Computer, verhinderte häufig den reibungslosen Versuchsablauf und bedingte Wiederholungen.

Im Rahmen der Druckmessung zeigte sich bei normaler Belastung im Schritt und Trab, dass einerseits ein Sensorpaar maximal für zwei Stunden funktionsfähig und danach zerschlissen war. Andererseits zeigte sich, dass lediglich die bei einem Pferd verwendeten Sensorplatten (Pferd C) nicht auswertbar waren, weil die Sensoren während der Aufnahme irreversibel geschädigt wurden. Somit wurden die Datensätze dieses Pferdes von der Auswertung ausgeschlossen.

4.1.2 Zeitaufwand der Untersuchungen

Insgesamt benötigt ein erfahrener Anwender für die einzelnen Schritte der hier vorgestellten kinematischen Bewegungsanalyse durchschnittlich viereinhalb bis fünf Stunden und für die kinetische Bewegungsanalyse eineinhalb bis zwei Stunden.
Der Zeitaufwand für die Vorbereitung der Hardware (Marker und Hufsensoren) inklusive für das Aufbauen der beiden Analysesysteme betrug pro Analysetag durchschnittlich 40 Minuten. Im Anschluss wurden die Kameras in ihre Position gebracht und mit dem Kalibrierungsquader geeicht, welches eine Zeit von 15 Minuten in Anspruch nahm. Für die Gewöhnungsphase im Schritt und im Trab und für die Vorbereitung der Pferde mit dem Positionieren der 29 Marker außerhalb des Laufbandes an Kopf, Rücken und Gliedmaßen der Pferde wurden 25 Minuten benötigt.
Nach einer erneuten, fünfminütigen Eingewöhnungsphase bei ca. 1,5 m/s im Schritt und ca. 3,1 m/s im Trab erfolgten die 3-dimensionalen Messungen. Die zuvor erfolgte Druckmessung variiert mit dem Anbringen und der Kalibrierung der Hufsensoren zwischen 20 und 25 Minuten. Die Aufzeichnung der Videofilme und der Druckmessung betrug pro Pferd 12 Sekunden und die entsprechenden Übertragungen der Daten sowie die Speicherung auf die Festplatte des Computers dauerten ca. 60 Sekunden. Die Komprimierung pro Videofilm benötigte im Durchschnitt drei Minuten. Die Nachbereitung der Videofilme wie sie unter Punkt 3.3.1 beschrieben wurde, variierte zwischen 45 und 60 Minuten. Die berechneten Winkel konnten von dem Programm direkt in Exceltabellen ausgegeben werden. Ungefähr zwei Stunden waren für die Bearbeitung der Exceltabellen erforderlich, da die Berechnung der einzelnen Winkel manuell erfolgen musste. Die Druckdaten konnten allerdings direkt in Exceltabellen ausgegeben und ausgewertet werden. Die Analyse eines Videofilmes dauerte je nach Anzahl der Auswertungen von Winkelveränderungen 20 bis 40 Minuten und die Analyse der Druckdaten 15 bis 30 Minuten. Pro Aufnahmetag konnten 2 bis 3 Pferde untersucht werden.

4.1.3 Laufbandgeschwindigkeit

Die von den Pferden bevorzugte Geschwindigkeit im Schritt auf dem Laufband waren 1,6 ± 0,1 m/s in der freien natürlichen Kopf-Hals-Position (HNP 1) und in der aufgerichteten Kopf-Hals-Position (HNP 2) sowie 1,4 ± 0,1 m/s für die tiefe Kopf-Hals-Position (HNP 4). Im Trab waren die Geschwindigkeiten 3,1 ± 0,1 m/s für die freie Kopf-Hals-Position (HNP 1) und die relativ aufgerichtete Kopf-Hals-Position (HNP 2). In der tiefen Kopf-Hals-Position (HNP 4) betrug die Geschwindigkeit 2,9 ± 0,1 m/s.

4.2 Computergestützte Berechnungen

Um die Kopf-Hals Winkel sowie die Winkel der Gliedmaßen und die vertikalen Bewegungen der Wirbelsäule für jedes Pferd dieser Studie definieren zu können, erfolgte zunächst die Bestimmung eines Bewegungszyklus.

Zur besseren Vergleichbarkeit wurde die Deskription aller Pferde zum durchschnittlichen minimalen und maximalen Winkel innerhalb eines Schrittes erstellt und mit der Deskription jedes einzelnen Pferdes ebenfalls zum durchschnittlichen minimalen und maximalen Winkel innerhalb eines Schrittes verglichen. Die folgenden Abbildungen zeigen die erzielten Messergebnisse für Winkelveränderungen im Kopf-Hals- und Gliedmaßenbereich während mehrerer Bewegungszyklen.

4.2.1 Kopf-Hals Winkel

Bei zehn Pferden konnte der Zusammenhang von insgesamt 672 atlantooccipitalen Winkelmessungen, 672 cervicothorakalen Winkelmessungen und 672 Winkelmessungen der Stirn-Nasenlinie mit der x/-y-Ebene mit der Biomechanik des Rückens und der Hintergliedmaße untersucht werden. Davon konnten pro Kopf-Hals-Position im Schritt 256 atlantooccipitale Winkelmessungen, 256 cervicothorakale Winkelmessungen und 256 Winkelmessungen der Stirn-Nasenlinie zur x/-y-Ebene und im Trab je Kopf-Hals-Position 416 atlantooccipitale Winkelmessungen, 416 cervicothorakale Winkelmessungen und 416 Winkelmessungen der Stirn-Nasenlinie zur x-/y-Ebene untersucht werden (s. Abb. 14).

Der größte maximale ***atlantooccipitale Winkel*** α_{AO} und die größte Bewegungsspanne sind sowohl im Schritt als auch im Trab in der freien, natürlichen Kopf-Hals-Position (HNP 1) festzustellen. Der kleinste minimale Winkel α_{AO} wird im Schritt und im Trab in der tiefen Kopf-Hals-Position (HNP 4) erreicht. Die Bewegungsspanne des atlantooccipitalen Winkels ist im Schritt sowie im Trab in der aufgerichteten (HNP 2) als auch in der tiefen Kopf-Hals-Position (HNP 4) geringer als in der freien Kopf-Hals-Position (HNP 1) (Tab. 3).

Die Veränderung des atlantooccipitalen Winkels α_{AO} geht in den drei Kopf-Hals-Positionen im Schritt und im Trab mit einem uneinheitlichen Muster während der Bewegung mit einer bestimmten Kopf-Hals-Position einher (Abb. 25, 26).

Abbildung 25 zeigt den Verlauf der atlantoocipitalen Winkel α_{AO} eines Pferdes in den drei Kopf-Hals-Positionen während einer 2,5 Sekunden Aufnahme (1,5 BWZ) im Schritt. Der atlantooccipitale Winkel α_{AO} der freien Kopf-Hals-Position (HNP 1), in der Abbildung 25 rot dargestellt, beschreibt einen uneinheitlichen Verlauf mit unterschiedlich großen Gipfeln und vertikalen Schwingungen. Je tiefer das Pferd ausgebunden wird (HNP 4, blaue Kurve) desto kleiner werden die Abstände zwischen den Maxima mit zunehmenden vertikalen Schwingungen. Die Veränderungen des atlantooccipitalen Winkels α_{AO} innerhalb eines Bewegungszyklus sind unabhängig von der jeweiligen Kopf-Hals-Position. Es dominieren Eigenbewegungen des Kopfes, die keine Regelmäßigkeit im Kurvenverlauf zulassen.

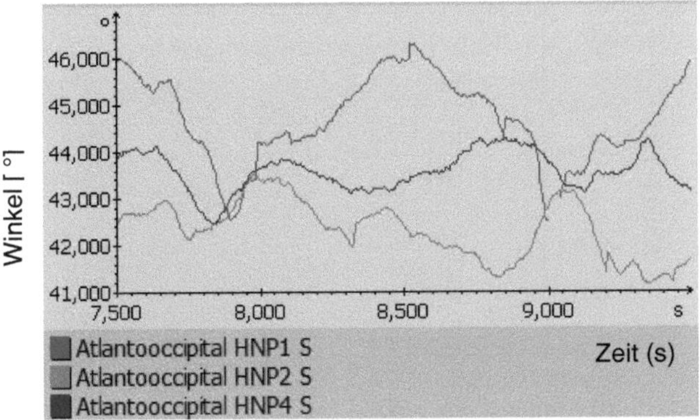

Abb. 25:

Winkel-Zeit-Diagramm des *atlantooccipitalen Winkels* α_{AO} zur freien (rot), relativ aufgerichteten (grün) und tiefen (blau) Kopf-Hals-Position eines Pferdes im Schritt

Legende zu **Abb. 25, 26:**

HNP 1 T/S	: Kopf-Hals-Position 1 (rot) im Trab/Schritt
HNP 2 T/S	: Kopf-Hals-Position 2 (grün) im Trab/Schritt
HNP 4 T/S	: Kopf-Hals-Position 4 (blau) im Trab/Schritt
s	: Sekunde
°	: Grad (Einheit der Winkel)

Abbildung 26 zeigt das Bewegungsmuster im Trab und lässt in einem Zeitraum von 2,5 Sekunden eine deutlich größere Anzahl von Gipfeln mit stärkeren vertikalen Schwingungen als im Schritt erkennen. Die Bewegungsmuster einzelner Tritte sind bei freier Kopf-Hals-Position von Tritt zu Tritt nahezu identisch. Die lückenhafte Darstellung der HNP 4 (blaue Kurve) ist durch fehlende Erfassung einzelner Marker entstanden (s. S. 59). Diese ist unabhängig von dem Probanden, der Gangart und der Kopf-Hals-Position.

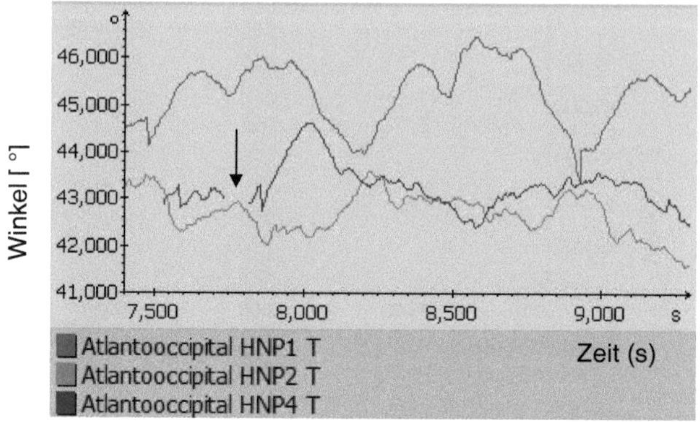

Abb. 26:

Winkel-Zeit-Diagramm des *atlantooccipitalen Winkels* α_{AO} zur freien (rot), relativ aufgerichteten (grün) und tiefen (blau) Kopf-Hals-Position eines Pferdes im Trab. Der Pfeil stellt eine fehlende Erfassung einzelner Marker in der tiefen Kopf-Hals-Position dar.

Der größte maximale ***cervicothorakale Winkel*** α_{CT} ist in der tiefen Kopf-Hals-Position (HNP 4) sowohl im Schritt als auch im Trab festzustellen. In beiden Gangarten ist der kleinste minimale cervicothorakale Winkel α_{CT} in der aufgerichteten Kopf-Hals-Position (HNP 2).

Der cervicothorakale Winkel α_{CT} zeigt ein sinusoidales Bewegungsmuster im Schritt in allen drei Kopf-Hals-Positionen. Im Mittel sind pro Schritt 2 Maximalwerte und 2 Minimalwerte zu sehen (Abb. 27).

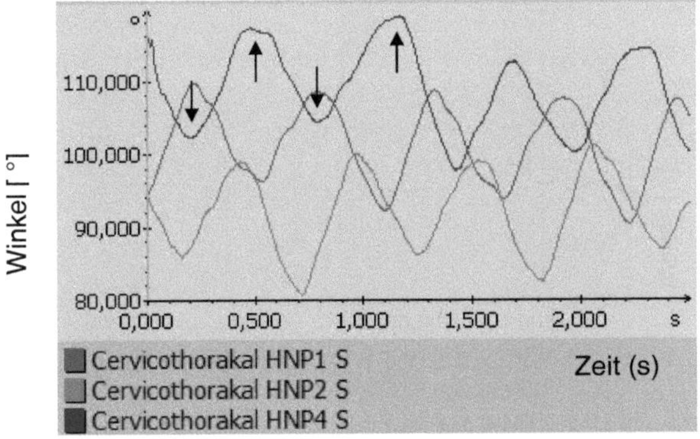

Abb. 27:

Winkel-Zeit-Diagramm des *cervicothorakalen Winkels* α_{CT} zur freien (rot), relativ aufgerichteten (grün) und tiefen (blau) Kopf-Hals-Position anhand eines Pferdes im Schritt. Die Pfeile markieren die Minima und Maxima innerhalb eines Schrittes.

Legende zu **Abb. 27, 28:**

HNP 1 T/S	: Kopf-Hals-Position 1 (rot) im Trab/Schritt
HNP 2 T/S	: Kopf-Hals-Position 2 (grün) im Trab/Schritt
HNP 4 T/S	: Kopf-Hals-Position 4 (blau) im Trab/Schritt
s	: Sekunde
°	: Grad (Einheit der Winkel)

Das nahezu sinusoidale Bewegungsmuster des cervicothorakalen Winkels im Trab ist in allen drei Kopf-Hals-Positionen zu beobachten. Der Unterschied zu der graphischen Darstellung im Schritt liegt in der deutlich größeren Anzahl der Kurven (Gipfel) des cervicothorakalen Winkels im Trab. Die Bewegungsspanne in den einzelnen Kopf-Hals-Positionen ist im Trab deutlich kleiner, dafür gibt es im Durchschnitt drei bis vier Mal mehr Maxima und Minima innerhalb eines Trittes.

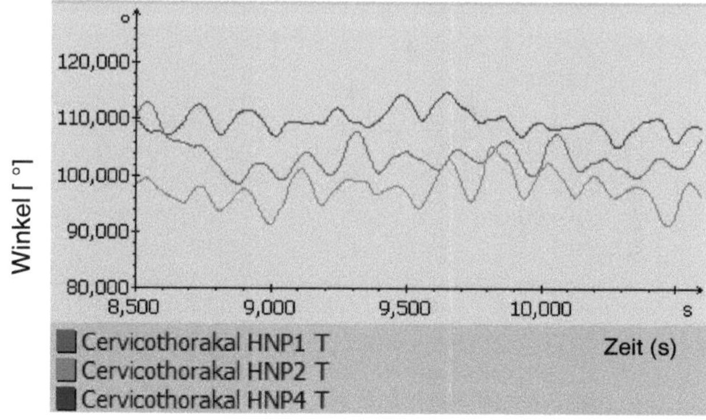

Abb. 28:

Winkel-Zeit-Diagramm des *cervicothorakalen Winkels* α_{CT} zur freien (grün), relativ aufgerichteten (grün) und tiefen (blau) Kopf-Hals-Position anhand eines Pferdes im Trab

Den kleinsten Winkel der **Stirn-Nasenlinie** α_{SN} weist die tiefe Kopf-Hals-Position (HNP 4) im Schritt sowie im Trab auf. Ebenso in den beiden Gangarten ist der Winkel der Stirn- Nasenlinie der relativ aufgerichteten Kopf-Hals-Position (HNP 2) annähernd 90° und belegt eine an der Senkrechten au sgeführte Kopf-Hals-Position. Im Gegensatz dazu geht die tiefe Kopf-Hals-Position (HNP 4), mit dem kleinsten Winkel einher. Das bedeutet, dass die Nasenlinie sich kontinuierlich hinter der Senkrechten befindet. Im Schritt zeigt die tiefe Kopf-Hals-Position einen durchschnittlich Wert von 54,76° ± 3,83° und im Tra b einen von 61,22° ± 5,25°. Die Mittelwerte der freien Kopf-Hals-Position waren im Schritt bei 103,71° ± 8,85° und im Trab bei 105,18° ± 4,64°. In der relativ aufgericht eten Kopf-Hals-Position konnte im Schritt ein Mittelwert von 82,22° ± 2,99° und im Tr ab ein Mittelwert von 81,9° ± 2,74° festgestellt werden.

Der Verlauf der Winkeländerung der *Stirn-Nasenlinie zur x/y-Ebene* zeigt in beiden Gangarten und in allen Kopf-Hals-Positionen eine sinusförmige Kurve (Abb. 29, 30). Wie Abbildung 29 zeigt, verläuft die Kurve des Stirnnasenlinienwinkels bei freier, natürlicher Kopf-Hals-Position (HNP 1, rot) im Vergleich zur relativ aufgerichteten (HNP 2, grün) und zur tiefen Kopf-Hals-Position (HNP 4, blau) deutlich flacher. Im

Trab reduziert sich der sinusoidale Kurvenverlauf in allen drei Kopf-Hals-Positionen, mit der flachsten Kurve in der tiefen Kopf-Hals-Position (Abb. 30).

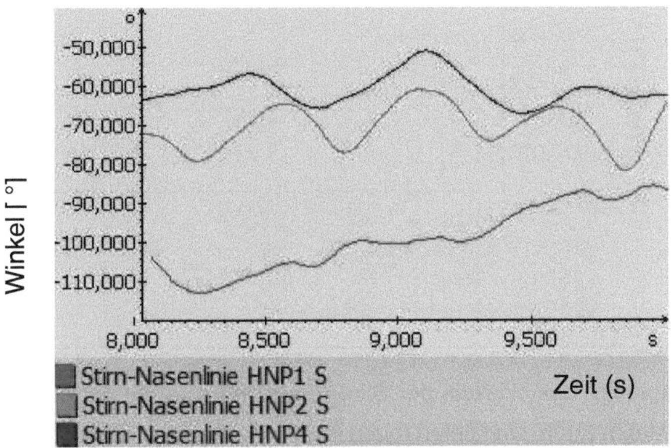

Abb. 29:

Winkel-Zeit-Diagramm des Winkels der *Stirn-Nasenlinie* α_{SN} zur x/y-Ebene zur freien (rot), relativ aufgerichteten (grün) und tiefen (blau) Kopf-Hals-Position eines Pferdes im Schritt

Legende zu **Abb. 29, 30:**

HNP 1 T/S : Kopf-Hals-Position 1 (rot) im Trab/Schritt

HNP 2 T/S : Kopf-Hals-Position 2 (grün) im Trab/Schritt

HNP 4 T/S : Kopf-Hals-Position 4 (blau) im Trab/Schritt

s : Sekunde

° : Grad (Einheit der Winkel)

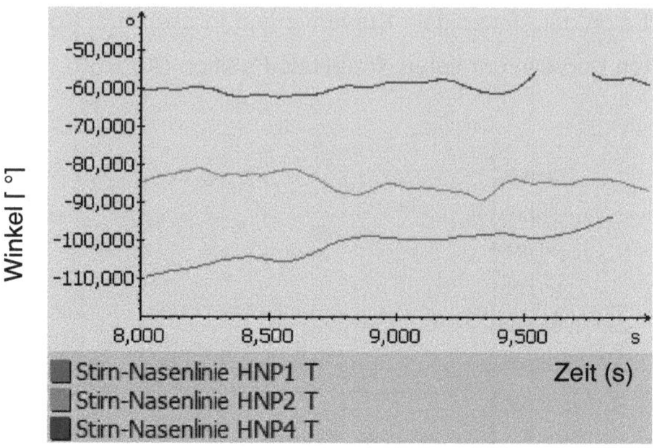

Abb. 30:

Winkel-Zeit-Diagramm des Winkels der Stirn-Nasenlinie α_{SN} zur x/y-Ebene zur freien (rot), relativ aufgerichteten (grün) und tiefen (blau) Kopf-Hals-Position eines Pferdes im Trab

Tabelle 3 gibt den Überblick über Minima und Maxima der Winkel α_{AO}, α_{CT}, α_{SN} sowie die Darstellung der entsprechenden Bewegungsspannen in den jeweiligen Kopf-Hals-Positionen für die Gangart „Schritt". Die entsprechende Zusammenfassung der Werte für den Trab befindet sich in Tabelle 4.

Tab.3:

Mittelwerte der minimalen und maximalen Winkel sowie der maximalen Winkeldifferenzen mit Standardabweichungen im Schritt von atlantooccipitalem-, cervicothorakalem Winkel und dem Winkel der Stirn-Nasenlinie zur x/y-Ebene

	atlantooccipitaler Winkel (°), α AO			**cervicothorakaler Winkel (°), α CT**			**Winkel Stirn-Nasenlinie (°), α SN**		
	Min.	Max.	ROM	Min.	Max.	ROM	Min.	Max.	ROM
HNP 1	43,27 ±3,04	46,64 ±3,12	3,37 ±1,39	92,43 ±9,31	110,10 ±8,49	17,67 ±2,23	-99,25 ±9,38	-108,18 ±8,30	8,93 ±2,33
HNP 2	41,13 ±2,71	43,37 ±2,84	2,23 ±1,20	83,50 ±8,32	100,99 ±7,23	17,49 ±2,49	-77,05 ±3,88	-87,39 ±1,85	10,33 ±2,72
HNP 4	40,89 ±4,03	43,15 ±3,94	2,25 ±3,65	98,80 ±12,36	113,96 ±10,91	15,16 ±3,38	-49,97 ±4,26	-59,56 ±3,01	11,35 ±2,92

Tab. 4:

Mittelwerte der minimalen und der maximalen Winkel sowie der maximalen Winkeldifferenzen im Trab von atlantooccipitalem-, cervicothorakalem Winkel und dem Winkel der Stirn-Nasenlinie zur x/y-Ebene

	atlantooccipitaler Winkel (°), α AO			**cervicothorakaler Winkel (°), α CT**			**Winkel Stirn-Nasenlinie (°), α SN**		
	Min.	Max.	ROM	Min.	Max.	ROM	Min.	Max.	ROM
HNP 1	43,74 ±2,71	46,55 ±3,20	2,80 ±0,89	89,18 ±7,51	100,83 ±6,13	11,65 ±4,17	-102,25 ±5,17	-108,11 ±4,34	5,86 ±2,20
HNP 2	41,89 ±2,24	43,79 ±2,64	1,90 ±0,83	86,50 ±8,70	97,73 ±7,48	11,23 ±2,83	-79,01 ±2,52	-84,79 ±2,48	5,78 ±1,41
HNP 4	41,62 ±2,92	44,02 ±3,09	2,40 ±0,89	96,48 ±9,82	106,61 ±9,99	10,12 ±3,02	-57,67 ±5,03	-64,77 ±5,51	7,09 ±1,16

Legende zu **Tab. 3 und 4:**

° : Grad (Einheit der Winkel)
HNP 1 : Kopf-Hals-Position 1
HNP 2 : Kopf-Hals-Position 2
HNP 4 : Kopf-Hals-Position 4
α AO : Winkel Atlantooccipital
α CT : Winkel Cervicothorakal
α SN : Winkel Stirn-Nasenlinie
Min. : Minimum
Max. : Maximum
ROM : Bewegungsspanne

4.2.2 Gliedmaßenwinkelung

Pro Kopf-Hals-Position wurde ein Durchschnitt von 7 bis 9 Schritten und 12 bis 15 Tritten pro Pferd, pro Winkel und pro Gangart analysiert. Die Abbildungen 26 bis 33 stellen zum einen die Mittelwerte der Minima, Maxima und der Bewegungsspannen von Hüft-, Knie-, Sprung-, und Fesselgelenk für alle Pferde dar und zum anderen ist beispielhaft der Verlauf der einzelnen Winkel anhand von Winkel-Zeit-Diagrammen dargestellt.

Die maximalen und minimalen Winkel sowie die Bewegungsspanne des **Hüftgelenks** α_{HG} zeigen im Schritt und im Trab keinen signifikanten Unterschied. Tendenziell ist der maximale Winkel in beiden Gangarten in der tiefen Kopf-Hals-Position am größten. Die Bewegungsspanne des Hüftgelenks ist im Trab in der tiefen Kopf-Hals-Position signifikant größer als in der freien und in der aufgerichteten Kopf-Hals-Position.

Die Kurvenverläufe sind im Schritt (Abb. 31) sowie im Trab (Abb. 32) innerhalb der drei Kopf-Hals-Positionen nahezu identisch. Das Hüftgelenk zeigt bei Extension sowie Flexion in allen drei Kopf-Hals-Positionen in beiden Gangarten ein nahezu sinusoidales Bewegungsmuster. Die maximale Extension (1) ist kurz vor Ende der Standbeinphase und die maximale Flexion (2) kurz vor Ende der Schwungphase festzustellen. Die Unterbrechung des Kurvenanstiegs (3) nach der maximalen Flexion stellt das Auffußen des Pferdes dar (Abb. 31). Die Konformation der Kurven des Hüftgelenkes im Trab ändert sich geringgradig (Abb. 32).

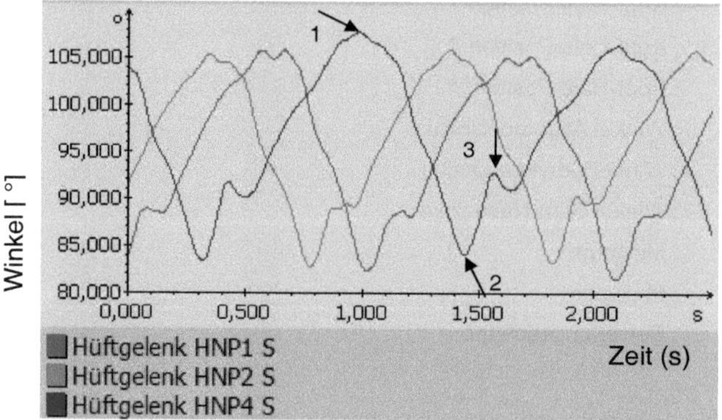

Abb. 31:

Winkel-Zeit-Diagramm des Hüftgelenks α_{HG} zur freien (rot), relativ aufgerichteten (grün) und tiefen (blau) Kopf-Hals-Position eines Pferdes im Schritt. Anhand der blauen Kurve stellt Pfeil 1 die maximale Extension, 2 die maximale Flexion und 3 das Auffußen des Pferdes dar.

Legende zu **Abb. 31, 32:**

HNP 1 S : Kopf-Hals-Position 1 im Schritt
HNP 2 S : Kopf-Hals-Position 2 im Schritt
HNP 4 S : Kopf-Hals-Position 4 im Schritt
s : Sekunde
° : Grad (Einheit der Winkel)

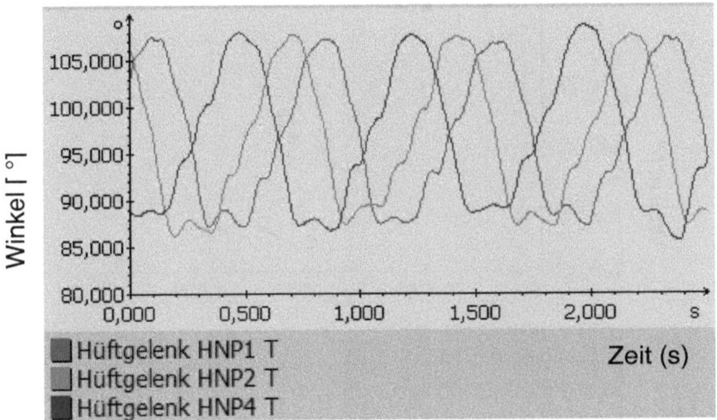

Abb. 32:

Winkel-Zeit-Diagramm des Hüftgelenks α_{HG} zur freien (rot), relativ aufgerichteten (grün) und tiefen blau) Kopf-Hals-Position anhand eines Pferdes im Trab.

Das **Kniegelenk** α_{KG} zeigt im Schritt in der tiefen Kopf-Hals-Position (HNP 4) tendenziell den kleinsten maximalen Winkel.

Die größte Bewegungsspanne zwischen dem minimalen und dem maximalen Kniegelenkswinkel war tendenziell im Schritt in der relativ aufgerichteten Kopf-Hals-Position (HNP 2) und im Trab in der tiefen Kopf-Hals-Position (HNP 4) zu erkennen.

Das Kniegelenk zeigt im Schritt (Abb. 33) sowie im Trab (Abb. 34) ein Bewegungsmuster mit vier Undulationen des übergeordneten sinusoidalen Kurvenverlaufs. Die maximale Extension wird kurz vor dem Auffußen (1) erreicht, gefolgt von einem kleinen Ausschlag kurz vor der mittleren Standphase (2). Ein kleiner Peak (3) erscheint unmittelbar bevor die maximale Flexion, kurz nach Beginn der Schwungphase, eintritt. Die maximale Flexion wird in der mittleren Schwungphase (4) erreicht (Abb. 33).

In Abbildung 33 sieht man die Kniegelenkswinkel eines Pferdes im Schritt in den drei Kopf-Hals-Positionen während einer 2,5 Sekunden Aufnahme. Die Kurvenverläufe sind innerhalb der drei Kopf-Hals-Positionen nahezu identisch.

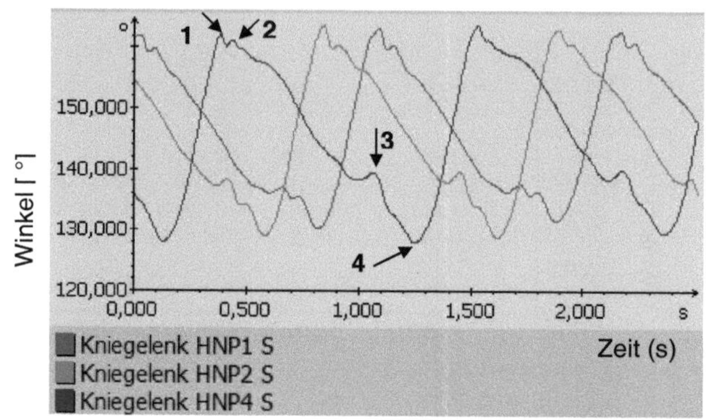

Abb. 33:

Winkel-Zeit-Diagramm des Kniegelenks α_{KG} zur freien (rot), relativ aufgerichteten (grün) und tiefen (blau) Kopf-Hals-Position eines Pferdes im Schritt. Pfeil 1 stellt die maximale Extension, Pfeil 2 kennzeichnet die Phase unmittelbar vor der mittleren Standphase, Pfeil 3 den Zeitpunkt kurz nach Beginn der Schwungphase und Pfeil 4 stellt die maximale Flexion dar.

Legende zu **Abb. 33, 34:**

HNP 1 S	: Kopf-Hals-Position 1 im Schritt
HNP 2 S	: Kopf-Hals-Position 2 im Schritt
HNP 4 S	: Kopf-Hals-Position 4 im Schritt
s	: Sekunde
°	: Grad (Einheit der Winkel)

Abbildung 34 zeigt das Bewegungsmuster des Kniegelenkwinkels eines Pferdes im Trab in den drei Kopf-Hals-Positionen während einer 2,5 Sekunden Aufnahme. Alle

Pferde zeigen einen identischen Kurvenverlauf innerhalb der drei unterschiedlichen Kopf-Hals-Positionen. Die Konformation der Kurven ist im Trab im Vergleich zum Schritt geringgradig unterschiedlich.

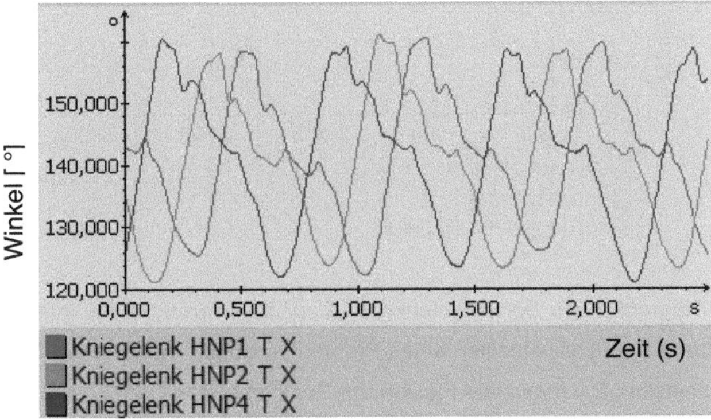

Abb. 34:

Winkel-Zeit-Diagramm des Kniegelenks α_{KG} zur freien (rot), relativ aufgerichteten (grün) und tiefen (blau) Kopf-Hals-Position eines Pferdes im Trab.

Das **Sprunggelenk** α_{SG} zeigt in der tiefen Kopf-Hals-Position sowohl im Schritt als auch im Trab tendenziell den kleinsten minimalen und den kleinsten maximalen Winkel. Die größte Bewegungsspanne ist demnach tendenziell in beiden Gangarten in der tiefen Kopf-Hals-Position festzustellen.

Das Sprunggelenk erreicht sowohl im Schritt als auch im Trab die maximale Extension (1) kurz nach der mittleren Standphase gefolgt von der maximalen Flexion (2) unmittelbar vor dem Abfußen des Pferdes. Ein weiterer Peak (3) folgt im ersten Drittel der Schwungphase mit einer kleinen Unterbrechung des Kurvenabfalls (4) in der mittleren Schwungphase. Das Auffußen (5) ist gekennzeichnet durch einen kleinen Anstieg kurz vor der mittleren Standphase. Die Konformation der Kurvenverläufe des Sprung- und Fesselgelenkes ändern sich im Trab im Vergleich zum Schritt.

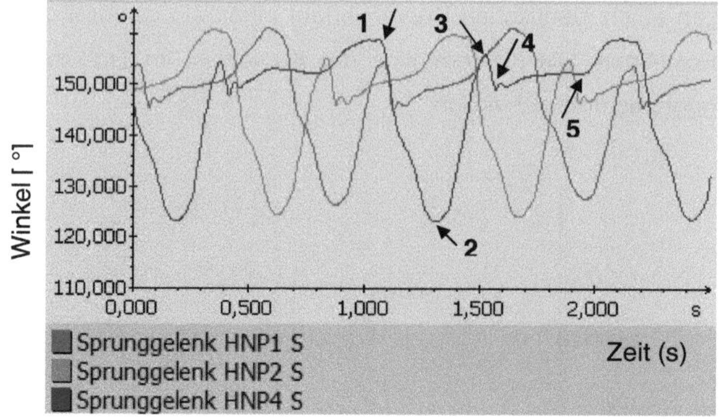

Abb. 35:

Winkel-Zeit-Diagramm des Sprunggelenks α_{SG} zur freien (rot), relativ aufgerichteten (grün) und tiefen (blau) Kopf-Hals-Position eines Pferdes im Schritt. Anhand der blauen Kurve: 1 = maximale Extension, 2 = maximale Flexion, 3= Peak im ersten Drittel der Schwungphase, 4= mittlere Schwungphase, 5= Auffußen .

Legende zu **Abb. 35, 36:**

HNP 1 S	: Kopf-Hals-Position 1 im Schritt
HNP 2 S	: Kopf-Hals-Position 2 im Schritt
HNP 4 S	: Kopf-Hals-Position 4 im Schritt
s	: Sekunde
°	: Grad (Einheit der Winkel)

Das kleinste Minimum des **Fesselgelenkwinkels** α_{FG} sowie die größte Bewegungsspanne treten in beiden Gangarten in der tiefen Kopf-Hals-Position (HNP 4) auf. Dies führt zu einem signifikant kleineren Fesselgelenkswinkel in der tiefen Kopf-Hals-Position.

Die maximale Flexion des Fesselgelenkwinkels ist kurz vor Ende der mittleren Standphase (1) erreicht, gefolgt von einer Extension zu Beginn der Schwungphase (2). Im ersten Drittel der Schwungphase folgt eine Flexion (3) die im mittleren Drittel der Schwungphase in eine Extension (4) übergeht. Die maximale Extension wird kurz vor Ende der Schwungphase (5) erreicht.

Unmittelbar vor dem Auffußen des Pferdes kommt es zu einer kleinen Unterbrechung des Kurvenabstiegs (6). Mit dem Auffußen des Pferdes kommt es zu einer Flexion (7), bevor es zu einem Anstieg (8) in der mittleren Standphase kommt.

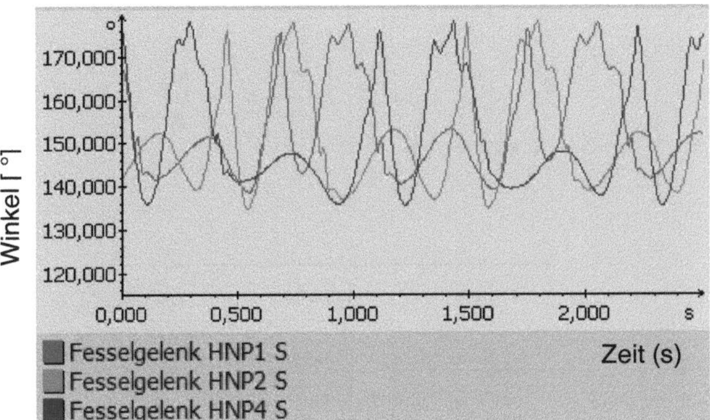

Abb. 36:

Winkel-Zeit-Diagramm des Fesselgelenks α_{FG} zu HNP 1 (rot), 2 (grün) und 4 (blau) eines Pferdes im Schritt.

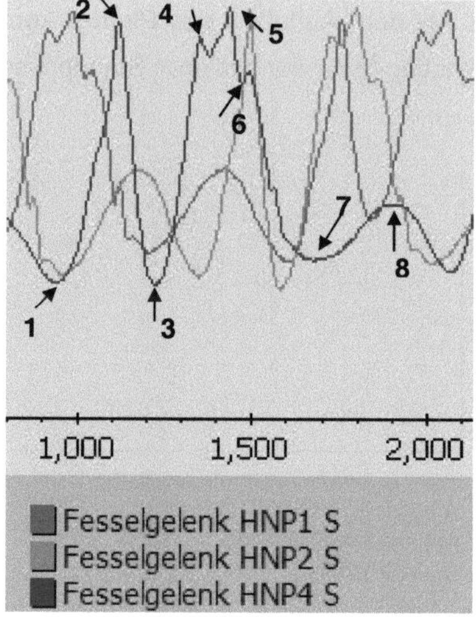

Abb. 37:

Ausschnittsvergrößerung des Winkel-Zeit-Diagramms des Fesselgelenks α_{FG} zu HNP 1 (rot), 2 (grün) und 4 (blau) eines Pferdes im Schritt.

Anhand der blauen Kurve: 1 = maximale Flexion, 2 = Beginn der Schwungphase, 3 = Flexion im ersten Drittel der Schwungphase, 4 = Extension im mittleren Drittel der Schwungphase, 5 = maximale Extension, 6 = unmittelbar vor dem Auffußen, 7 = Auffußen, 8 = mittlere Standphase

Tab. 5:

Mittelwerte der minimalen und maximalen Winkel sowie der ROM mit Standardabweichungen (in °) im Schritt von Hüft-, K nie-, Sprung- und Fesselgelenk

Schritt		**HNP 1 (°)**	**HNP 2 (°)**	**HNP 4 (°)**
Hüftgelenk	Min.	78,99 ± 4,39	78,93 ± 4,32	81,02 ± 8,02
	Max.	101,66 ± 4,37	101,59 ± 4,54	101,85 ± 4,80
	ROM	22,66 ± 2,29	22,66 ± 2,30	20,82 ± 4,40
Kniegelenk	Min.	120,92 ± 6,48	120,08 ± 5,74	119,32 ± 8,73
	Max.	158,14 ± 6,66	159,42 ± 7,28	157,92 ± 7,52
	ROM	38,21 ± 5,98	39,34 ± 4,25	38,60 ±10,76
Sprunggelenk	Min.	124,59 ± 5,63	124,79 ± 5,47	122,09 ± 5,36
	Max.	163,06 ± 3,12	163,13 ± 3,14	162,07 ± 4,08
	ROM	38,47 ± 4,52	38,34 ± 3,89	39,97 ± 3,53
Fesselgelenk	Min.	136,68 ± 5,21	135,02 ± 5,39	133,91 ± 6,59
	Max.	179,02 ± 0,73	178,87 ± 0,71	178,88 ± 0,59
	ROM	42,11 ± 2,99	43,72 ± 3,05	44,96 ± 6,40

Tab. 6:

Mittelwerte der minimalen und maximalen Winkel sowie der ROM mit Standardabweichungen (in °) im Trab von Hüft-, Knie -, Sprung- und Fesselgelenk.

Trab		HNP 1 (°)	HNP 2 (°)	HNP 4 (°)
Hüftgelenk	Min.	82,62 ± 4,27	82,71 ± 4,39	83,75 ± 6,83
	Max.	102,59 ± 4,94	102,42 ± 4,92	105,63 ± 10,05
	ROM	19,97 ± 1,96	19,71 ± 2,06	21,88 ± 4,41
Kniegelenk	Min.	113,11 ±7,70	112,64 ± 7,20	111,98 ± 7,67
	Max.	154,63 ± 6,52	154,60 ± 6,32	154,16 ± 6,67
	ROM	41,51 ± 3,59	41,95 ± 3,27	42,18 ± 3,63
Sprunggelenk	Min.	113,339 ± 5,00	112,93 ± 5,50	111,92 ± 5,87
	Max.	161,83 ± 2,87	161,72 ± 2,90	161,55 ± 2,96
	ROM	48,44 ± 4,89	48,78 ± 5,09	49,62 ± 4,84
Fesselgelenk	Min.	121,41 ± 4,81	120,24 ± 4,64	118,84 ± 4,70
	Max.	178,83 ± 0,99	178,80 ± 0,86	178,71 ± 0,80
	ROM	57,41 ± 4,61	58,56 ± 4,35	59,86 ± 4,30

Des Weiteren wurde der Zusammenhang von Knie- und Sprunggelenk in Abhängigkeit der drei Kopf-Hals-Positionen untersucht. Es konnte festgestellt werden, dass sich die gleichgerichteten Veränderungen im Knie- und Sprunggelenk in der freien natürlichen Kopf-Hals-Position (HNP 1) sich außerdem auf die aufgerichtete (HNP 2) und die tiefe Kopf-Hals-Position (HNP 4) übertragen lassen. Die unterschiedlichen Kopf-Hals-Positionen haben somit keinen Einfluss auf die Kopplung von Knie- und Sprunggelenkswinkel.

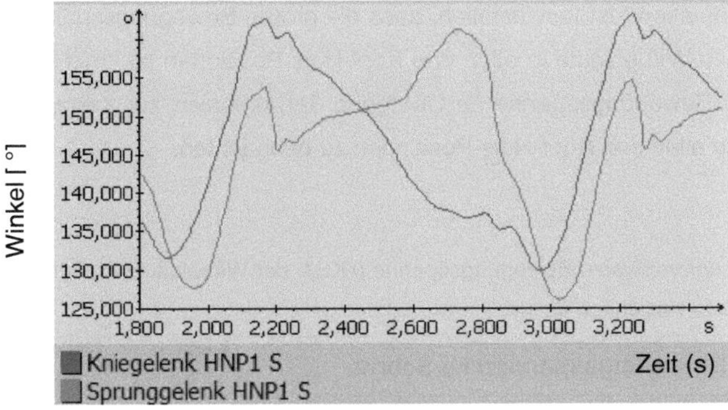

Abb. 38:

Winkel-Zeit-Diagramm des Knie- (rot) und Sprunggelenkes (grün) eines Pferdes in der freien Kopf-Hals-Position im Schritt.

Legende zu **Abb. 38:**

HNP 1 S : Kopf-Hals-Position 1 im Schritt

s : Sekunde

° : Grad (Einheit der Winkel)

4.2.3 Rückenbewegungen

Die vertikalen Bewegungen im thorakalen, lumbalen und sakralen Wirbelsäulenbereich zeigen in allen hier untersuchten Kopf-Hals-Positionen im Schritt und im Trab ein doppeltes sinusoidales Bewegungsmuster. Dies ist in allen drei unterschiedlichen Kopf-Hals-Positionen festzustellen, sowohl im Schritt als auch im Trab.

In keiner der beiden Gangarten konnte ein signifikanter Unterschied zwischen den Bewegungsspannen der einzelnen Wirbelsäulenabschnitte in den drei Kopf-Hals-Positionen festgestellt werden.

Die Tabellen 7 und 8 zeigen die durchschnittlichen vertikalen Bewegungsspannen (ROM) der Wirbelsäule.

Zusammenfassend ist festzustellen, dass die größte Bewegungsspanne im Schritt in der sakralen Wirbelsäule in allen drei Kopf-Hals-Positionen ist. Im Trab hingegen ist die größte Bewegungsspanne im Übergang der lumbalen zur sakralen Wirbelsäule ebenfalls in allen drei Kopf-Hals-Positionen zu beobachten.

Tab. 7:

Mittelwerte der vertikalen Bewegungsspanne (ROM) der Wirbelsäule im Schritt innerhalb der drei Kopf-Hals-Positionen in cm

vertikale Bewegungsspannen im Schritt	**HNP 1** (cm)	**HNP 2** (cm)	**HNP 4** (cm)
vertikale Bewegungsspanne Th5	4,89±1,64	4,21±1,70	4,23±1,51
vertikale Bewegungsspanne Th14,16,18	4,23±0,66	4,14±1,02	4,24±0,53
vertikale Bewegungsspanne L2, L4	6,42±0,84	6,22±0,72	5,94±0,67
vertikale Bewegungsspanne Tuber sacrale	7,86±0,86	7,54±0,94	6,91±0,99
vertikale Bewegungsspanne L4, Tuber sacrale	7,45±0,99	7,17±0,90	6,61±0,89
vertikale Bewegungsspanne S3, S5	8,60±0,99	8,37±1,17	7,64±1,29

Tab. 8:

Mittelwerte der vertikalen Bewegungsspanne (ROM) der Wirbelsäule im Trab innerhalb der drei Kopf-Hals-Positionen in cm

vertikale Bewegungsspannen im Trab	**HNP 1** (cm)	**HNP 2** (cm)	**HNP 4** (cm)
vertikale Bewegungsspanne Th5	6,04±1,22	6,22±1,07	6,02±0,88
vertikale Bewegungsspanne Th14,16,18	8,70±1,12	8,68±1,10	8,56±1,16
vertikale Bewegungsspanne L2, L4	8,87±1,04	8,97±0,96	8,81±1,01
vertikale Bewegungsspanne Tuber sacrale	8,53±0,74	8,70±0,73	8,51±0,75
vertikale Bewegungsspanne L4, Tuber sacrale	8,64±0,85	8,80±0,82	8,62±0,85
vertikale Bewegungsspanne S3, S5	8,31±0,64	8,49±0,74	8,30±0,70

<u>Legende zu **Tab. 7 und 8:**</u>

cm	: Zentimeter
HNP 1	: Kopf-Hals-Position 1
HNP 2	: Kopf-Hals-Position 2
HNP 4	: Kopf-Hals-Position 4
Th 5	: 5. thorakaler Wirbel
Th14	: 14. thorakaler Wirbel
Th16	: 16. thorakaler Wirbel
Th18	: 18. thorakaler Wirbel
L2	: 2. lumbaler Wirbel
L4	: 4. lumbaler Wirbel
Tuber sacrale:	: Tuber sacrale
S3	: 3. sakraler Wirbel
S5	: 5. sakraler Wirbel

Vergleicht man die vertikalen Wirbelsäulenbewegungen der jeweiligen Wirbelsäulenabschnitte innerhalb der Kopf-Hals-Positionen miteinander so kommt man zu folgenden Ergebnissen: die größten Bewegungsspannen (ROM) im Schritt sind tendenziell in dem thorakalen, lumbalen, lumbosakralen und sakralen Wirbelsäulenbereich in der freien Kopf-Hals-Position (HNP 1) erkennbar. In der HNP 4 reduzieren sich die mittleren Bewegungsspannen der einzelnen Wirbelsäulenabschnitte im Vergleich zur HNP 1 und HNP 2 nicht signifikant. Auch im Trab liegen nur tendenziell in der aufgerichteten Kopf-Hals-Position (HNP 2) die größten Bewegungsspannen in allen untersuchten Abschnitten der Wirbelsäule vor. Im Schritt zeigt sich tendenziell die geringste ROM im Bereich der kaudalen Brustwirbelsäule (Th14, 16, 18), im Trab dagegen tendenziell in der kranialen Brustwirbelsäule (Th5).

Die Abbildungen 39, 40, 41 und 42 zeigen die Bewegungen der thorakalen, lumbalen, lumbosakralen und sakralen Wirbelsäulenbereiche in der freien, natürlichen Kopf-Hals-Position (HNP 1) im Schritt während einer 2,5 Sekunden Aufnahme eines Pferdes (Pferd D).

Die durchschnittlich höchsten vertikalen Bewegungen erfolgen im Schritt am lumbosakralen Übergang der Wirbelsäule. Der Kurvenverlauf der Wirbelsäule zeigt in allen markierten Bereichen ein sinusoidales Bewegungsmuster.

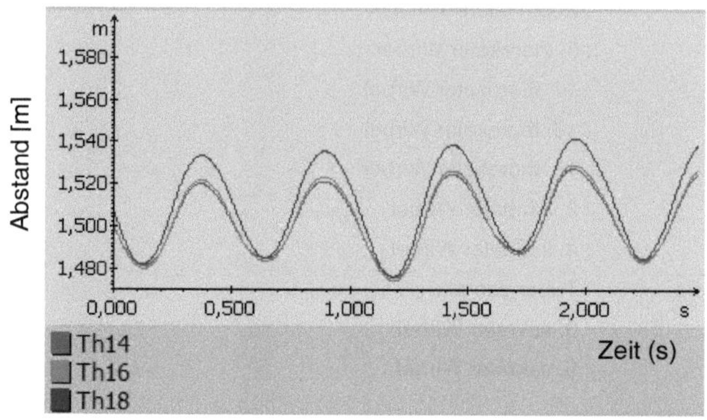

Abb. 39:

Weg-Zeit-Diagramm des *thorakalen Wirbelsäulenbereiches*, Th14 (rot), Th16 (grün), Th18 (blau) zur freien Kopf-Hals-Position im Schritt eines Pferdes

Legende zu **Abb. 39, 40, 41, 42:**

s	: Sekunde
m	: Meter (Abstand der Marker vom Boden)
Th14	: 14. thorakaler Wirbel
Th16	: 16. thorakaler Wirbel
Th18	: 18. thorakaler Wirbel
L2	: 2. lumbaler Wirbel
L4	: 4. lumbaler Wirbel
Tuber sacrale:	: Tuber sacrale
S3	: 3. sakraler Wirbel
S5	: 5. sakraler Wirbel

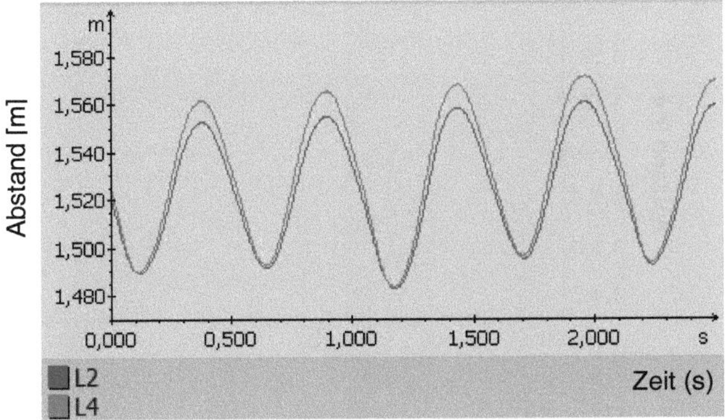

Abb. 40:

Weg-Zeit-Diagramm des *lumbalen Wirbelsäulenbereiches,* L2 (rot), L4 (grün) zur freien Kopf-Hals-Position im Schritt eines Pferdes

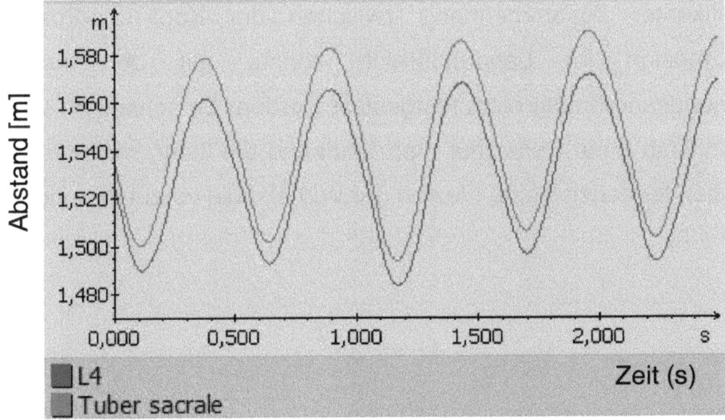

Abb. 41:

Weg-Zeit-Diagramm des *lumbosakralen Wirbelsäulenbereiches*, L4 (rot), Tuber sakrale (grün) zur freien Kopf-Hals-Position im Schritt eines Pferdes

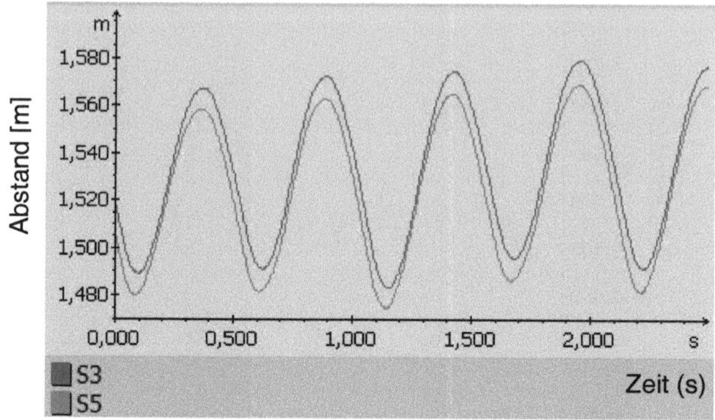

Abb. 42:

Weg-Zeit-Diagramm des *sakralen Wirbelsäulenbereiches,* S3 (rot), S5 (grün) zur freien Kopf-Hals-Position im Schritt eines Pferdes

Ein signifikanter Zusammenhang zwischen der Kopf-Hals-Position und einer Flexion/Extension im Lendenbereich konnte mit der hier angewandten Untersuchungsanordnung nicht festgestellt werden. Es scheint im Lendenbereich im Schritt und Trab ohne Reiter auf dem Laufband bei tiefer, mittlerer und hoher Kopf-Hals-Position tendenziell eine Flexion der Wirbelsäule vorzuherrschen (s. Abb. 43).

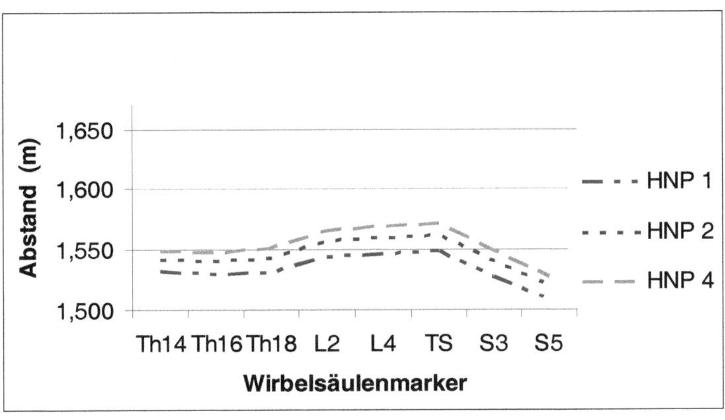

<u>Abb. 43:</u>

Abstand der Wirbelsäulenmarker eines Pferdes (Pferd H) vom Boden in den drei Kopf-Hals-Positionen im Schritt

Legende zu **Abb. 43:**

m	: Meter (Abstand der Marker vom Boden)
Th14	: 14. thorakaler Wirbel
Th16	: 16. thorakaler Wirbel
Th18	: 18. thorakaler Wirbel
L2	: 2. lumbaler Wirbel
L4	: 4. lumbaler Wirbel
Tuber sacrale:	: Tuber sacrale
S3	: 3. sakraler Wirbel
S5	: 5. sakraler Wirbel
HNP 1	: Kopf-Hals-Position 1
HNP 2	: Kopf-Hals-Position 2
HNP 4	: Kopf-Hals-Position 4

4.2.4 Ergebnisse der kinetischen Analyse

Die Ergebnisse der Messung der vertikalen Belastung mit den Hufsensorplatten zeigten, dass im Schritt bei kurz ausgebundenem Hals, in HNP 2 und HNP 4, im Vergleich zur Referenzposition HNP 1 eine signifikante Abnahme der Belastung der Vorderhand erfolgte. Die mittlere maximale Belastung der Vordergliedmaßen aller Pferde reduzierte sich im Schritt bei der aufgerichteten Kopf-Hals-Position (HNP 2) im Vergleich zur natürlichen Kopf-Hals-Position (HNP 1) um durchschnittlich 5,71% ($p \leq 0{,}01$) und bei der tiefen Kopf-Hals-Position HNP 4 um 10,94% ($p \leq 0{,}01$). Im Trab ist lediglich tendenziell ein Unterschied beim Vergleich der drei Kopf-Hals-Positionen im Bezug auf die Druckverhältnisse festzustellen (s. Abb. 44).

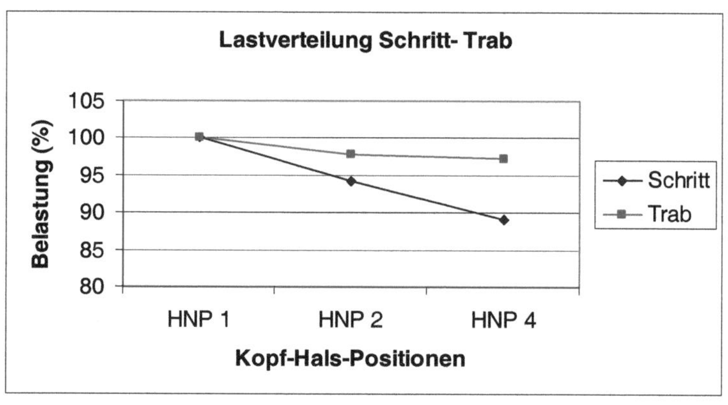

Abb. 44:

Signifikante Abnahme der Bodenreaktionskräfte im Bereich der Vordergliedmaßen mit steigendem Grad der Ausbindung im Schritt und tendenzieller Abnahme im Trab

Legende zu **Abb. 44:**

%	: maximale vertikale Bodenreaktionskraft in Prozent
HNP 1	: Kopf-Hals-Position 1
HNP 2	: Kopf-Hals-Position 2
HNP 4	: Kopf-Hals-Position 4

Bei Betrachtung der einzelnen Probanden fällt auf, dass zwar sieben Pferde von neun mit zunehmender Ausbindung eine abnehmende Druckbelastung der Vordergliedmaßen zeigten (s. Abb. 45), ein Pferd dagegen eine vermehrte Belastung der Vorhand in der stark ausgebundenen (HNP 4) im Vergleich zur relativ aufgerichteten Kopf-Hals-Position (HNP 2) und ein anderes die größte Druckbelastung in der relativ aufgerichteten Kopf-Hals-Position aufwies.

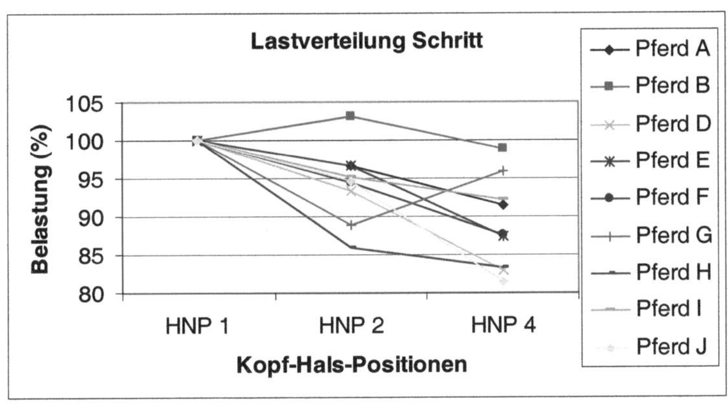

Abb. 45:

Darstellung der Änderung der Lastaufnahme im Bereich der Vordergliedmaße bei drei unterschiedlichen Kopf-Hals-Positionen im Schritt

Legende zu **Abb. 45:**

%	: maximale vertikale Bodenreaktionskraft in Prozent
HNP 1	: Kopf-Hals-Position 1
HNP 2	: Kopf-Hals-Position 2
HNP 4	: Kopf-Hals-Position 4

4.2.5 Analyse der atlantooccipitalen und cervicothorakalen Winkel

Zur Beurteilung der Kopf-Hals-Positionen wird in der atlantooccipitalen Region lediglich der kleinste Winkel zwischen Crista facialis, Genick und Atlas ausgewertet.

In der cervicothorakalen Region wird untersucht, bei welcher Kopf-Hals-Position der dort gemessene Winkel zwischen C4, C6 und Th5 die größten Werte annimmt.
Abbildung 38 zeigt die Unterschiede und die Bandbreite der mittleren maximalen atlantooccipitalen Winkel der hier untersuchten Pferde in den drei Kopf-Hals-Positionen im Schritt.
Lediglich zwischen der freien (HNP 1) und der relativ aufgerichteten Kopf-Hals-Position (HNP 2) war im Schritt das Maximum des atlantooccipitalen Winkels signifikant unterschiedlich (p≤0,05) (s. Tab. 8 und 9). Der größte atlantooccipitale Winkel ist in der freien Kopf-Hals-Position festzustellen.

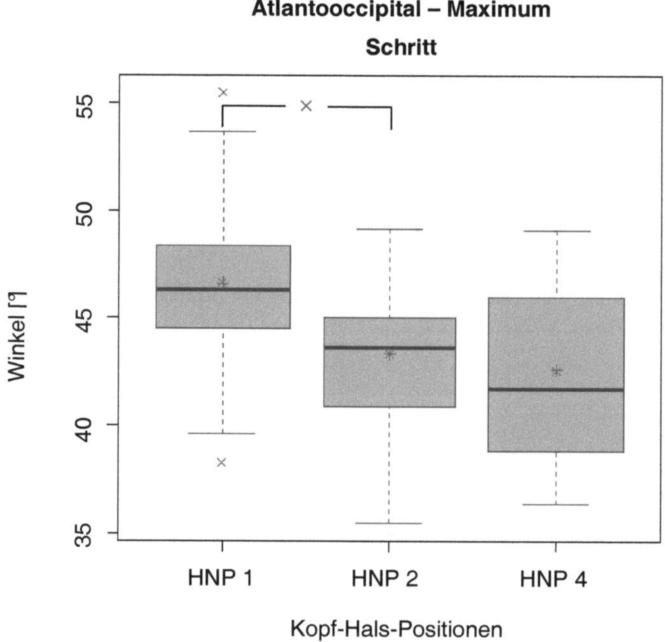

Abb. 46:
Darstellung des maximalen atlantooccipitalen Winkels in drei Kopf-Hals-Positionen im Schritt mit einem signifikanten Unterschied zwischen HNP 1 und HNP 2.

Legende zu den **Abb. 46 - 54:**

°	: Grad (Einheit der Winkel)
HNP 1	: freie Kopf-Hals-Position
HNP 2	: relativ aufgerichtete Kopf-Hals-Position
HNP 4	: tiefe Kopf-Hals-Position

Der maximale und minimale cervicothorakale Winkel ist im Schritt zwischen der freien (HNP 1) und der relativ aufgerichteten Kopf-Hals-Position (HNP 2) signifikant ($p \leq 0,05$) und zwischen der relativ aufgerichteten (HNP 2) und der tiefen Kopf-Hals-Position (HNP 4) höchst signifikant ($p \leq 0,001$) unterschiedlich (s. Abb. 47). Demnach ist der größte cervicothorakale Winkel in der tiefen Kopf-Hals-Position festzustellen.

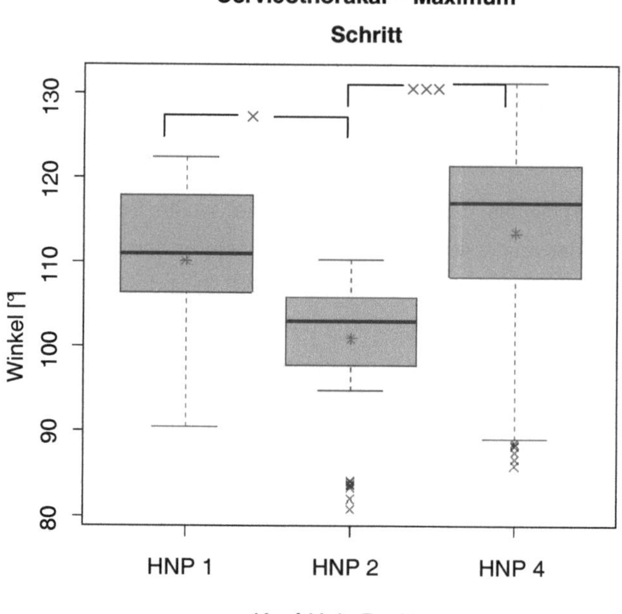

Abb. 47:

Darstellung des maximalen cervicothorakalen Winkels in den drei Kopf-Hals-Positionen im Schritt mit einem signifikanten Unterschied zwischen HNP 1 und HNP 2 und einem höchst signifikanten Unterschied zwischen HNP 2 und HNP 4.

Der maximale cervicothorakale Winkel unterscheidet sich im Trab zwischen der freien (HNP1) und der relativ aufgerichteten Kopf-Hals-Position (HNP 2) bzw. der tiefen Kopf-Hals-Position (HNP 4) und höchst signifikant zwischen der relativ aufgerichteten (HNP 2) und der tiefen Kopf-Hals-Position (HNP 4) ($p \leq 0{,}001$) (s. Abb. 48). Der größte cervicothorakale Winkel im Trab ist in der tiefen Kopf-Hals-Position festzustellen.

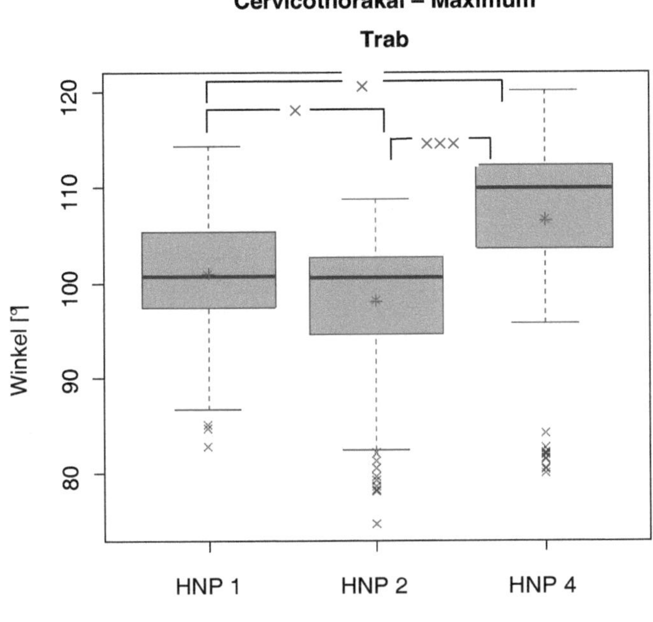

Abb. 48:

Darstellung des maximalen cervicothorakalen Winkels in drei Kopf-Hals-Positionen im Trab. Es besteht ein signifikanter Unterschied zwischen HNP 1 und HNP 2 sowie zwischen HNP 1 und HNP 4. Höchst signifikant ist der Unterschied zwischen HNP 2 und HNP 4.

Der minimale cervicothorakale Winkel ist signifikant unterschiedlich zwischen der freien und der tiefen Kopf-Hals-Position ($p \leq 0{,}05$) sowie höchst signifikant unterschiedlich zwischen der relativ aufgerichteten und der tiefen Kopf-Hals-Position ($p \leq 0{,}001$). Der kleinste cervicothorakale Winkel ist im Trab in der relativ aufgerichteten Kopf-Hals-Position festzustellen.

Die Bewegungspanne im Bereich der atlantooccipitalen Region ist im Trab in der freien Kopf-Hals-Position höchst signifikant größer als in der relativ aufgerichteten Kopf-Hals-Position ($p \leq 0{,}001$).

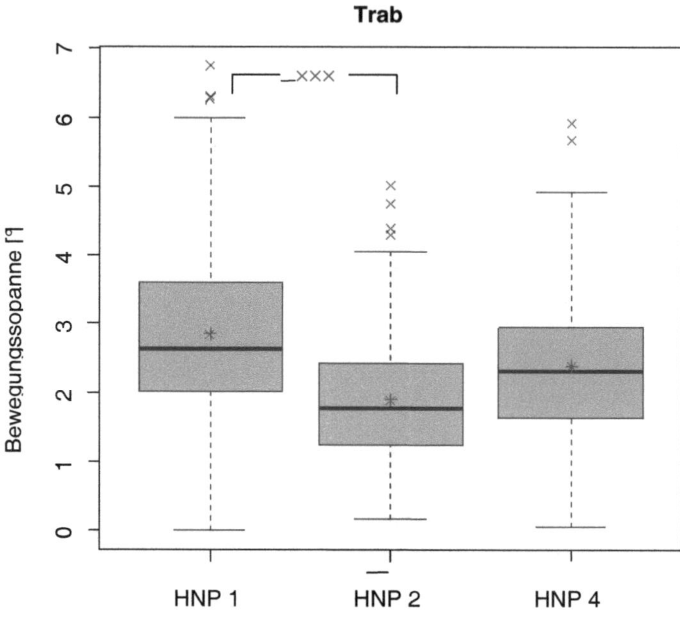

Abb. 49:

Darstellung der Bewegungsspanne des atlantooccipitalen Winkels in drei Kopf-Hals-Positionen im Trab mit einem höchst signifikanten Unterschied zwischen HNP 1 und HNP 2.

Tabelle 8 und 9 zeigt die signifikanten Unterschiede des atlantooccipitalen und cervicothorakalen Winkels sowie des Winkels der Stirn-Nasenlinie zur x-/y-Ebene im Schritt und im Trab.

Tab. 8:

Vergleich der Kopf-Hals Winkel innerhalb der drei Kopf-Hals-Positionen im Schritt

GA	Lokalisation	Winkel	p	Signifikanz
S	HNP_1_2	Atlantooccipital_Max	0.01	*
S	HNP_1_2	Cervicothoracal_Max	0.01	*
S	HNP_1_2	Cervicothoracal_Min	0.01	*
S	HNP_1_4	Stirn-Nasenlinie_Max	0.002	**
S	HNP_1_4	Stirn-Nasenlinie_Min	0.002	**
S	HNP_2_4	Cervicothoracal_Max	0.001	***
S	HNP_2_4	Cervicothoracal_Min	0.001	***
S	HNP_2_4	Stirn-Nasenlinie_Max	0.002	**
S	HNP_2_4	Stirn-Nasenlinie_Min	0.002	**

Legende zu **Tab. 8 und 9:**

GA : Gangart

S : Schritt

T : Trab

p : Irrtumswahrscheinlichkeit

HNP_1_2 : Varianzanalyse zwischen Kopf-Hals-Position 1 und 2

HNP_1_4 : Varianzanalyse zwischen Kopf-Hals-Position 1 und 4

HNP_2_4 : Varianzanalyse zwischen Kopf-Hals-Position 2 und 4

Min. : Minimum

Max. : Maximum

Tab. 9:

Vergleich der Kopf-Hals Winkel innerhalb der drei Kopf-Hals-Positionen im Trab

GA	Lokalisation	Winkel	p	Signifikanz
T	HNP_1_2	Atlantooccipital_ROM	0.001	***
T	HNP_1_2	Cervicothoracal_Max	0.01	*
T	HNP_1_2	Stirn-Nasenlinie_Max	0.001	***
T	HNP_1_2	Stirn-Nasenlinie_Min	0.01	*
T	HNP_1_4	Cervicothoracal_Max	0.01	*
T	HNP_1_4	Cervicothoracal_Min	0.01	*
T	HNP_1_4	Stirn-Nasenlinie_Max	0.001	***
T	HNP_1_4	Stirn-Nasenlinie_Min	0.01	*
T	HNP_2_4	Cervicothoracal_Max	0.001	***
T	HNP_2_4	Cervicothoracal_Min	0.001	***
T	HNP_2_4	Stirn-Nasenlinie_Max	0.001	***
T	HNP_2_4	Stirn-Nasenlinie_Min	0.001	***

4.2.6 Analyse der Gliedmaßenwinkel

Bei allen Pferden war der kleinste Fesselgelenkswinkel sowohl im Schritt als auch im Trab in der tiefen Kopf-Hals-Position feststellbar. Im Schritt und im Trab bestand ein signifikant unterschiedlicher minimaler Fesselgelenkswinkel ($p \leq 0.05$) bei dem Vergleich der freien (HNP 1) mit der relativ aufgerichteten Kopf-Hals-Position (HNP 2) sowie ein höchst signifikanter Unterschied ($p \leq 0{,}001$) zwischen der freien (HNP 1) und der tiefen Kopf-Hals-Position (HNP 4).

Ein signifikant unterschiedlicher Fesselgelenkswinkel konnte außerdem im Trab zwischen der relativ aufgerichteten und der tiefen Kopf-Hals-Position festgestellt werden ($p \leq 0{,}05$).

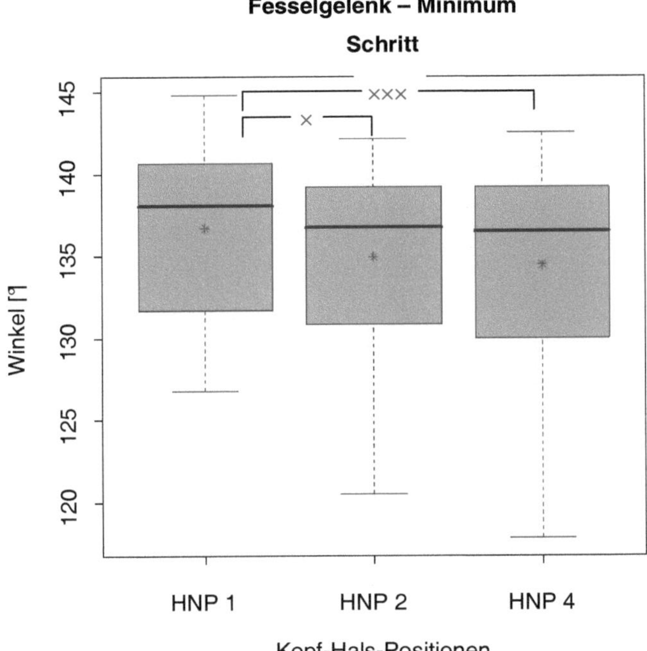

Abb. 50:

Darstellung der minimalen Fesselgelenkswinkel in drei Kopf-Hals-Positionen im Schritt. Es besteht ein signifikanter Unterschied zwischen HNP 1und HNP 2 und ein höchst signifikanter Unterschied zwischen HNP 1 und HNP 4.

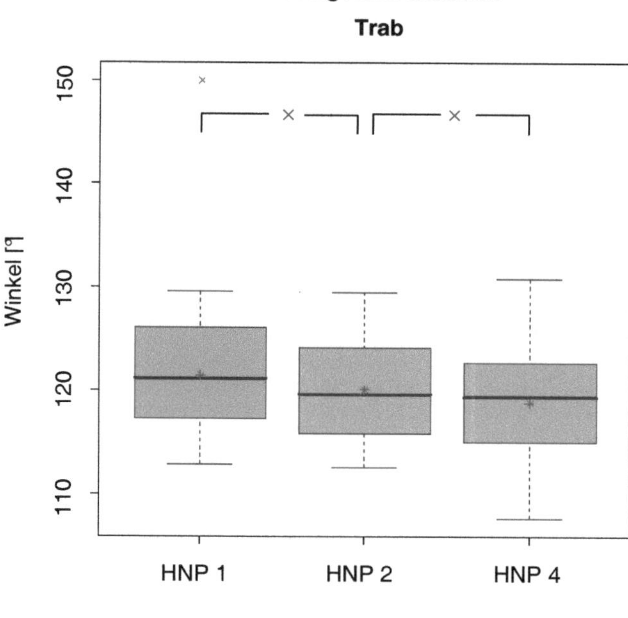

Abb. 51:

Darstellung der minimalen Fesselgelenkswinkel in drei Kopf-Hals-Positionen im Trab mit einem signifikanten Unterschied zwischen HNP 1 und HNP 2, sowie zwischen HNP 2 und HNP 4.

Die Bewegungsspanne des Fesselgelenkes war im Schritt in der HNP 4 höchst signifikant ($p \leq 0{,}001$) größer als in der freien (HNP 1).

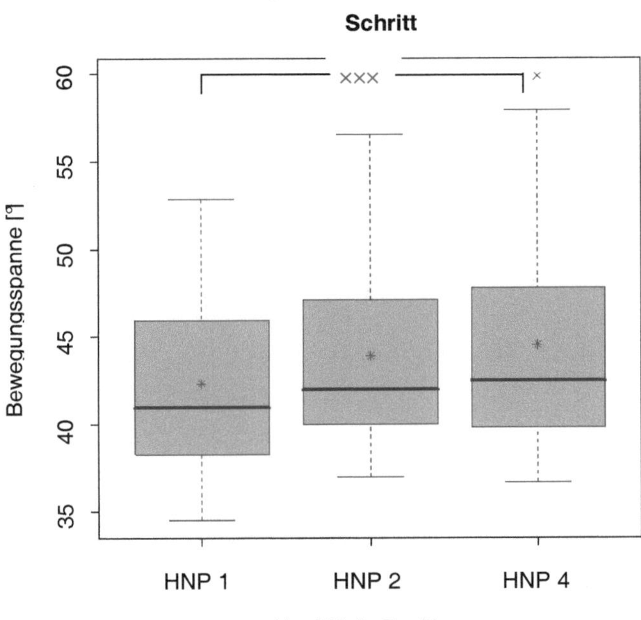

Abb. 52:

Darstellung der Bewegungsspanne des Fesselgelenkwinkels in drei Kopf-Hals-Positionen im Schritt mit einem höchst signifikanten Unterschied zwischen HNP 1 und HNP 4.

Die Bewegungsspanne im Trab war in der tiefen Kopf-Hals-Position höchst signifikant größer ($p \leq 0{,}001$) als in der freien und der relativ aufgerichteten Kopf-Hals-Position.

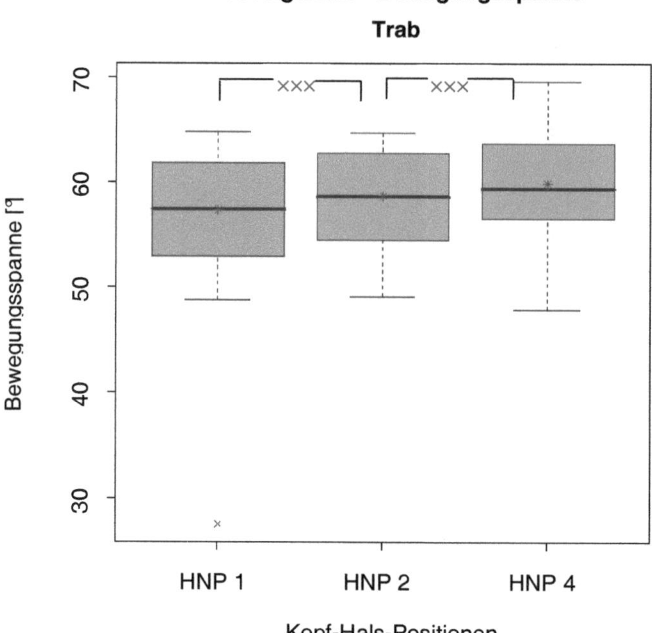

Abb. 53:

Darstellung der Bewegungsspanne des Fesselgelenkwinkels in drei Kopf-Hals-Positionen im Trab. Höchst signifikante Unterschiede bestehen zwischen HNP 1 und HNP 2, sowie zwischen HNP 2 und HNP 4.

Die Bewegungsspanne des Hüftgelenkswinkels unterscheidet sich im Trab zwischen der freien (HNP 1) und der tiefen Kopf-Hals-Position (HNP 4) sowie zwischen der relativ aufgerichteten (HNP 2) und der tiefen Kopf-Hals-Position (HNP 4) (s. Abb. 54). Die größte Bewegungsspanne ist im Trab in der tiefen Kopf-Hals-Position festzustellen.

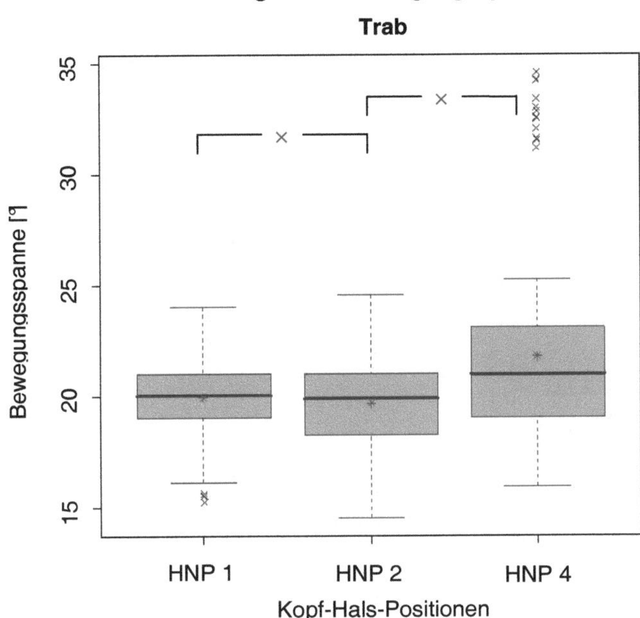

Abb. 54:

Darstellung der Bewegungsspanne des Hüftgelenkes in den drei Kopf-Hals-Positionen im Trab. Signifikante Unterschiede bestehen zwischen HNP 1 und HNP 2, sowie zwischen HNP 2 und HNP 4.

In Tabelle 10 und 11 werden die Winkel des Fessel- und Hüftgelenkes, die bei unterschiedlichen Kopf-Hals-Positionen auftreten, dargestellt.

Tab. 10:

Vergleich der Signifikanzen der Gliedmaßenwinkel innerhalb der drei Kopf-Hals-Positionen im Schritt

GA	Lokalisation	Gelenk	p	Signifikanz
S	HNP_1_2	Fesselgelenk_Min	0.01	*
S	HNP_1_4	Fesselgelenk_Min	0.001	***
S	HNP_1_4	Fesselgelenk_ROM	0.001	***

Tab. 11:

Vergleich der Signifikanzen der Gliedmaßenwinkel innerhalb der drei Kopf-Hals-Positionen im Trab

GA	Lokalisation	Gelenk	p	Signifikanz
T	HNP_1_2	Fesselgelenk_Min	0.01	*
T	HNP_1_4	Fesselgelenk_Min	0.001	***
T	HNP_1_4	Fesselgelenk_ROM	0.001	***
T	HNP_2_4	Fesselgelenk_Min	0.01	*
T	HNP_2_4	Fesselgelenk_ROM	0.001	***
T	HNP_1_4	Hüftgelenk_ROM	0.01	*
T	HNP_2_4	Hüftgelenk_ROM	0.01	*

Legende zu **Tab. 10 und 11:**

GA : Gangart
S : Schritt
T : Trab
p : Irrtumswahrscheinlichkeit
HNP_1_2 : Varianzanalyse zwischen Kopf-Hals-Position 1 und 2
HNP_1_4 : Varianzanalyse zwischen Kopf-Hals-Position 1 und 4
HNP_2_4 : Varianzanalyse zwischen Kopf-Hals-Position 2 und 4
Min. : Minimum
Max. : Maximum
ROM : Bewegungsspanne

5 Diskussion

In den letzten Jahren wurden unterschiedliche und meistens personal- und kostenaufwendige Bewegungsanalysesysteme und -methoden entwickelt, um die Biomechanik des Pferdes zu untersuchen. Dabei ist der Einfluss unterschiedlicher Kopf-Hals-Positionen auf die Bewegungen des kaudalen Rückens und die Kinematik der Gliedmaßen bedeutsam (BACK u. CLAYTON 2001, FABER et al. 2002, RHODIN et al. 2005 und 2009, GÓMEZ ÁLVAREZ et al. 2006 und 2009, WEISHAUPT 2001). In der vorliegenden Arbeit wurde dazu eine, im Vergleich zu den häufig eingesetzten Analysesystemen, kostengünstigere Ausrüstung geprüft. Es stellte sich die Frage, ob damit aussagekräftige Ergebnisse zum Einfluss von drei unterschiedlichen Kopf-Hals-Positionen auf die Kinetik und Kinematik der Gliedmaßenmotorik erzielt werden können. Insbesondere sollten Fragen zu der historischen Diskussion (BÖTTICHER 1878, BÜRGER und ZIETSCHMANN 1939, STEINBRECHT 1886) um die Interaktion zwischen der Kopf-Hals-Position des Pferdes und den Winkeln vom Hüft- bis zum Fesselgelenk sowie der Lastverteilung beantwortet werden.
Die Untersuchungen der vorliegenden Studie sind standardisiert auf dem Laufband erfolgt. Das bedeutet allerdings, dass die Ergebnisse in Bezug auf die Ausbildung des Reitpferdes einerseits unter Berücksichtigung laufbandbedingter Einflüsse und andererseits in Bezug auf das fehlende Reitergewicht diskutiert werden müssen. Auf dem Laufband ist gegenüber natürlichem Boden eine Verlängerung der Stützbeinphase der Vorhand sowie eine Verlängerung der Retraktion (Rückführung) aller Gliedmaßen festgestellt worden (BUCHNER et al. 1994a). Diese Unterschiede zu der Bewegung auf natürlichem Boden konnten jedoch von GÓMEZ ÁLVAREZ et al. (2009) nicht bestätigt werden. Damit ist derzeitig noch widersprüchlich, ob mit unterschiedlichen Bodenverhältnissen eine Verkürzung der Standbeinphase und eventuell auch der Schrittlänge einhergeht (BUCHNER et al. 1994a, GÓMEZ ÁLVAREZ et al. 2009). Ein Vergleich ist allerdings schwierig, weil im Gegensatz zur Untersuchung auf dem Laufband, auf natürlichem Boden die Laufgeschwindigkeit des Pferdes nicht konstant gehalten werden kann.

Außerdem kann auf dem Laufband eine bessere Standardisierung in Bezug auf die Ausbindung für die zu untersuchenden Kopf-Hals-Positionen, auf die Einhaltung der Laufbandrichtung und auf ein einheitliches Umfeld im Untersuchungsbereich erzielt werden, als auf natürlichem Boden (FREDRICSON et al. 1983; BUCHNER et al. 1994a; OLDRUITENBORGH-OOSTERBAAN VAN 1999, GÓMEZ ÁLVAREZ et al. 2009).

Um das gesamte Pferd in dem hier verfügbaren Untersuchungsbereich mit allen drei Kameras aufnehmen zu können, wurden zwei Weitwinkelobjektive und ein Standardobjektiv mit einem durchschnittlichen Abstand von 9,50 m zum Laufband verwendet. Damit konnten die Pferde in der Bewegung vollständig auf dem Videofilm erfasst und die Marker vom System erkannt werden. Die Verbindung der Kameras mit Lichtleiterkabeln zum Computer ging jedoch nicht selten mit Funktionsstörungen einher, die die Durchführung der Videoaufnahmen erheblich verzögerten. Die Lichtleiterkabel sind störanfällig, da sie z.B. beim Auf- und Abbauen des Videosystems alteriert werden können. Für diese Studie mussten die Kameras häufig neu installiert werden, da die Analyse z.T. unter freiem Himmel stattfand und die Kameras außerdem auch für andere Untersuchungen genutzt wurden. Zur Untersuchung spezieller Fragestellungen können mit einer festen Installation der Kameras diese Schwachstellen vermutlich reduziert werden.

In dieser Studie wurden auf der Haut fixierte Marker angewendet. Dabei erfolgt eine geringe Markerverschiebung über den darunterliegenden Knochen, die jedoch vernachlässigt werden, wenn lediglich relative Veränderungen der gekennzeichneten Lokalisationen am Pferdekörper untersucht werden sollen (VAN WEEREN et al. 1992, BACK u. CLAYTON 2001, FABER et al. 2001). Nicht zu vernachlässigen sind dagegen beleuchtungsbedingt helle Strukturen oder zusätzlicher Lichteinfall, die vom System fehlerhaft als Marker erkannt werden („Blooming Effekt"; HOPPE 2002). Deshalb wurde dieser Effekt in der vorliegenden Arbeit durch das Abdecken weißer Abzeichen mittels schwarzer Sprühfarbe und mit Hilfe der richtig gewählten Kamerablende ausgeschaltet.

Neben der Messgenauigkeit bzw. der richtigen Erkennung der Marker ist für die praktische Handhabung der Arbeit ein angemessener Zeitrahmen zur Durchführung der Bewegungsanalyse bedeutsam. Dieser ist von der automatischen Erfassung der Marker und im höheren Maße von der Zuordnung der Position der Marker im Raum abhängig. Das zunächst gelieferte Analysesystem ließ eine Markererkennung in einem praktikablen Zeitrahmen nicht zu. In Zusammenarbeit mit der Herstellerfirma wurde die Software dahingehend verbessert, dass die automatische Markererfassung zuverlässig innerhalb einer Minute erfolgen konnte. Im Gegensatz zur automatischen Erfassung der Marker konnte deren Zuordnung zu der jeweiligen Spezifikation (d.h. zu der markierten Lokalisationen am Pferdekörper im Verlauf der Bewegung) nicht beschleunigt werden. Dieser Vorgang benötigte für alle Marker (n=29) im Durchschnitt 45- 60 Minuten pro Kamera. Diese Zeit ist abhängig von der Anzahl der Marker und wird deutlich reduziert, wenn im Rahmen von Routineuntersuchungen spezielle Fragestellungen geklärt werden sollen, wozu nur wenige Lokalisationen gekennzeichnet werden müssen (z.B. Untersuchungen der Kinematik der Brustwirbelsäule).

Erst danach kann die Berechnung der dreidimensionalen Daten mit Hilfe der programmierten Software und zwar in einer praktikablen Zeiteinheit (ca. 10 Minuten) erfolgen.

Nach dem Export der dreidimensionalen Daten in Microsoft Excel® entstand eine große Datenmenge, die mit der vom Hersteller gelieferten Software (SIMI Motion) nicht ausgewertet werden konnte. Dazu wurde in Zusammenarbeit mit dem Institut für Biometrie, Epidemiologie und Informationsverarbeitung der Stiftung Tierärztliche Hochschule Hannover ein spezielles Makro entwickelt. Erst mit Hilfe dieses Programms konnte der Verlauf der Veränderungen der Kopf-Hals-Positionen und der Gelenkwinkel der Hintergliedmaße untersucht werden.

Zu Beginn der Studie traten fehlerhafte Winkelberechnungen entgegen den Angaben des Herstellers auf, wenn einer der drei Marker, die zur Berechnung des jeweiligen Winkels nötig waren, lediglich von zwei Kameras erfasst wurde. Es handelte sich dabei um eine zum Lieferzeitpunkt noch nicht ausgereifte Programmierung der Software für den Einsatz beim Pferd. Im Verlauf der Studie konnte im

Zusammenhang mit dem Hersteller dieses Problem behoben werden. Bei zukünftigen Untersuchungen sind somit den oben erwähnten Herstellerangaben entsprechend Winkelberechnungen möglich.
Mit Hilfe der Datenbearbeitung in Microsoft Excel® und dem neu erstellten Makro konnten sowohl die Winkel im Kopf-Halsbereich und die der Gliedmaßen als auch die vertikalen Bewegungen der Wirbelsäule in Abhängigkeit von den drei Kopf-Hals-Positionen untersucht und im Gegensatz zu anderen Bewegungsanalysesystemen (z.B. PROTrack® -Software) mit dem hier verwendeten System SIMI Motion dreidimensional und in hohem Maße anschaulich dargestellt werden. Z.B. können die Winkel-Zeit-Diagramme, die Bewegungskurven mit vertikalen Auslenkungen, die Accelerationsvorgänge, die Geschwindigkeitsdiagramme und die Ergebnisse der kinetischen Untersuchungen simultan zu den Videoaufnahmen des sich auf dem Laufband bewegenden Pferdes beobachtet werden.

Nachdem einerseits die Hard- und Software des humanmedizinischen Bewegungsanalysesystems für die Untersuchungen des Pferdes auf dem Laufband angepasst wurde und andererseits das verfügbare Laufband und sein Umfeld sich durch die lediglich kurzen Gewöhnungsphasen (BUCHNER et al. 1994b) in den Vorversuchen als geeignet erwiesen, konnten die geplanten Untersuchungen erfolgen. In Pilotstudien zeigte sich, dass bei gleichbleibender Laufbandgeschwindigkeit die Pferde sich in der tiefen Kopf-Hals-Position hochfrequenter bewegen bzw. sogar durch Schrittverkürzung zum Zackeln neigen und vorzeitig vom Schritt in den Trab wechseln. Aufgrund dessen wurde die Geschwindigkeit individuell an die jeweilige Kopf-Hals-Position angepasst. Die Laufbandgeschwindigkeit wurde so eingestellt, dass sich die Pferde in annähernd reiner Gangart im Schritt und im Trab bewegen konnten (Schritt: Viertakt, Trab: Zweitakt). Mit dieser Kompensationsmaßnahme konnte somit das Gleichgewicht- und schließlich die Leistungsfähigkeit des Pferdes aufrechterhalten werden (BUCHNER et al. 1994a, WEISHAUPT et al. 2004, MEYER 2008).
In dieser Studie wurden zwei in der traditionellen Reitlehre überlieferte Kopf-Hals-Positionen und eine davon abweichende, jedoch heutzutage häufig beim Reitpferd

anzutreffende Haltung des Pferdekörpers (Hyperflexion) untersucht. Diese Kopf-Hals-Positionen wurden durch die Bestimmung des atlantooccipitalen, des cervicothorakalen Winkels sowie des Winkels der Stirn-Nasenlinie zur x/y-Ebene objektiviert. Dabei diente die freie, natürliche Kopf-Hals-Position (HNP 1) als Referenzposition für den Vergleich mit den anderen beiden Kopf-Hals-Positionen. In anderen Studien zu dem Einfluss der Kopf-Hals-Position (RHODIN et al. 2005, 2009, GÓMEZ ÁLVAREZ et al. 2006, 2008, 2009, WEISHAUPT et al. 2006) wurden diese Pferde lediglich subjektiv durch das Urteil von Dressurrichtern in den gewünschten Körperhaltungen ausgebunden. Dabei sind die Kopf-Hals-Positionen im Rahmen der Auswertungen nicht objektiviert worden. MEYER (2008) empfiehlt die Kopf-Hals-Positionen mit Hilfe der Ausrichtung der Stirn-Nasenlinie zur Senkrechten in Verbindung mit dem Ausmaß der Flexion sowohl im atlantooccipitalen Bereich als auch mit der Position des Halses im cervicothorakalen Bereich aus anatomischer Sicht zu beschreiben. Dieser Vorschlag ist in der vorliegenden Studie weitgehend umgesetzt worden. Die Winkel zur Unterscheidung der Kopf-Hals-Positionen wurden dabei mit Hilfe reproduzierbar aufzufindender anatomischer Lokalisationen für die Platzierung der Marker und daraus resultierender Hilfslinien gemessen. Die atlantoocciptalen und cervicothorakalen Winkel der Probanden dieser Studie unterscheiden sich signifikant. Dabei nimmt der Grad der Flexion im Bereich des atlantooccipitalen Gelenks von der freien zur relativ aufgerichteten Kopf-Hals-Position und im cervicothorakalen Bereich von der freien über die relativ aufgerichtete bis zur tiefen Kopf-Hals-Position signifikant zu. Das bedeutet, dass einerseits kein signifikanter Unterschied der Flexion im atlantooccipitalen Bereich zwischen der Hyperflexion und der relativen Aufrichtung erkennbar war, andererseits jedoch bei Betrachtung der Summe beider Winkel (atlantooccipital plus cervicothorakaler Winkel) die Abweichung von der natürlichen Kopf-Hals-Position in der Rollkurposition am größten ist. Die Veränderungen der Position der Halswirbel durch die Einrichtung der zu untersuchenden Kopf-Hals-Position mit der Ausbindung der Pferde beeinflusst schließlich den cervicothorakalen Winkel in hohem Maße stärker als den atlantooccipitalen Winkel. Ob allerdings zwischen der Erkenntnis, dass im cervicothorakalen Halsbereich am häufigsten Spondylarthrosen auftreten

(WHITWELL 1980, CLAYTON u. TOWNSEND 1989, RICARDI u. DYSON 1993), und der Ausbildung des Reitpferdes ein Zusammenhang besteht, lässt sich bis heute nicht sicher beweisen. Die weniger deutliche Veränderung des Winkels im atlantooccipitalen Bereich erklärt die relativ moderate Beeinflussung der Pharynx- und Larynxstrikturen bei einer Kopf-Hals-Position in Hyperflexion (GEHLEN 2011). Es war nicht Ziel der vorliegenden Studie die Belastung der einzelnen Gelenke im Kopf-Halsbereich z.B. unter Berücksichtigung der Mobilitätsgrenze mit Hilfe der Drehmomente (SLEUTJENS et al. 2009) zu untersuchen. Sowohl die Hard- als auch die Software des hier verwendeten Analysesystems bietet allerdings die Möglichkeit in zukünftigen Studien derartige Zusammenhänge zu überprüfen. Bei der tierschutzrelevanten Bewertung der Hyperflexion in Zusammenhang mit den Ergebnissen der vorliegenden Studie und anderen Untersuchungen (GEHLEN 2011) ist jedoch von Bedeutung, dass die „echte“ Rollkurposition, ohne gewaltsame reiterliche Einwirkung (FEI 2010) nicht reproduzierbar ist. Es handelt sich somit bei allen bisher verfügbaren Untersuchungen zur Kopf-Hals-Haltung lediglich um einen deutlich abgeschwächten Simulationsversuch, der inzwischen auch international justiziablen Rollkurposition. Dennoch bleibt unklar ob nicht auch weniger dramatische Abweichungen von der natürlichen Kopf-Hals-Position und von der des klassisch ausgebildeten Pferdes mit dysfunktionalen Beeinträchtigungen des natürlichen Bewegungsablaufs einhergehen.

Der natürliche Bewegungsablauf des Pferdes bringt eine gangarttypische dorsoventrale bzw. vertikale Auslenkung von Hals und Kopf im Rhythmus der Gangart mit sich (KRÜGER 1939, EVRARD 2004). Diese Auslenkung wurde in der vorliegenden Studie als Bewegungsspanne bezeichnet und als Veränderung im atlantooccipitalen und cervicothorakalen Bereich im Verlauf des Bewegungszyklus registriert. Die größte Bewegungsspanne (ROM) im atlantooccipitalen Bereich trat im Schritt erwartungsgemäß in der freien Kopf-Hals-Position auf. In den übrigen Kopf-Hals-Positionen war sie lediglich tendenziell kleiner. Dagegen war die Bewegungsspanne im cervicothorakalen Bereich bei Vergleich der verschiedenen Kopf-Hals-Positionen nicht signifikant unterschiedlich. Das entspricht den Erwartungen, weil im unteren Halsbereich die Stabilität aufgrund der Verankerung am Körperstamm größer ist und diese halsaufwärts bis zum Kopf abnimmt (DENOIX u. PAILLOUX 2000, EVRARD 2004).

Die Ergebnisse der vorliegenden Arbeit zeigen, dass in beiden Gangarten (Schritt und Trab) der maximale cervicothorakale Winkel in der natürlichen Kopf-Hals-Position kleiner als in der tiefen und größer als in der aufgerichteten Kopf-Hals-Position ist. Bei näherer Betrachtung fällt auf, dass bei der klassischen, relativ aufgerichteten Position im Trab die Abweichung dieses Winkels von der natürlichen Kopf-Hals-Position kleiner ist als bei der Hyperflexion. Die Hyperflexion, die heutzutage verbreitet praktiziert wird, weicht im Vergleich zur klassischen, relativ aufgerichteten Position im Trab annähernd um das Doppelte und im Schritt lediglich um ein Drittel von der natürlichen Kopf-Hals-Position ab. Damit ist bemerkenswert, dass im Schritt diese Abweichung insgesamt geringer ist als im Trab. Im Trab wird die natürliche Bewegung des Pferdes auch in der freien Kopf-Hals-Haltung in einem geringen Grad der Aufrichtung überführt. Das entspricht der Beobachtung, dass im Trab die Versammlung des Pferdes automatisch zur Aufrichtung des Pferdes in der freien Kopf-Hals-Position (HNP 1) führt (MEYER 2008).

Bei einem Vergleich der unterschiedlichen Kopf-Hals-Positionen in Bezug auf charakteristische Bewegungsmuster kann mit Hilfe der Veränderung des atlantooccipitalen Winkels die Bewegung von Hals und Kopf in der Vertikalen weitgehend untersucht werden. Niederfrequente Bewegungen in dieser Ebene sind insbesondere im Schritt aber auch im Trab mit dem unbewaffneten menschlichen Auge zu erkennen und werden als Nickbewegungen bezeichnet (MEYER 2008). Zusätzlich dazu wurden mit der vorliegenden Studie erstmalig darüber gelagerte hochfrequente Oszillationen in beiden Gangarten kinematisch aufgezeichnet. Es ist bemerkenswert, dass die Frequenz der Oszillationen bei Betrachtung der Videofilme subjektiv und mit Hilfe der Bewegungsgrafik objektivierbar, in der tief ausgebundenen Kopf-Hals-Position im Vergleich zu den anderen Kopf-Hals-Positionen weiter deutlich zunahm. Ob diese Oszillationen ein Hinweis für vermehrtes Unwohlsein (KIENAPFEL 2011) oder auf einen dysfunktionalen Tonus im Bereich der Kopf- und Hals tragenden Muskulaturen sind (SLEUTJENS et al. 2010, WIJNBERG et al. 2010) kann mit Hilfe der vorliegenden Ergebnisse nicht geklärt werden. Sowohl eine erhöhte Stressbelastung als auch Veränderungen im EMG in der Halsmuskulatur konnten insbesondere in der tiefen Kopf-Hals-Position nachgewiesen werden (GEHLEN 2011, KIENAPFEL 2011, BORSTEL et al. 2009, CAANITZ 1996, WIJNBERG et al. 2010).

Im Gegensatz zu den Bewegungen im Kopf-Halsbereich verlaufen die Bewegungen im Hals-Brustbereich in allen drei Kopf-Hals-Positionen (HNP 1, 2 und 4) sowohl im Schritt als auch im Trab sinusförmig ohne hochfrequente Überlagerungen. Das periodische Auf und Ab des Halses konvergiert mit dem Vorführen und dem Stützen der Vordergliedmaßen. Die stabile Verankerung der Wirbelsäule im Hals-Brustbereich wird zum einen durch die ersten acht Tragrippen und zum anderen durch die axial gerichteten Gelenkfacetten, die mit den Wirbelkörpern zum Teil verkeilt sind, erreicht (TOWNSEND et al. 1983, WEISHAUPT 2001). Dies führt zu den in den thorakalen im Vergleich zu den lumbalen und sakralen Abschnitten der Wirbelsäule geringer ausgeprägten dorsoventralen Bewegungen, wie in dieser Arbeit und von anderen Autoren im Trab mit bzw. ohne Reiter bereits festgestellt wurde (RHODIN et al. 2009, WARNER et al. 2010). Die größten dorsoventralen Bewegungen wurden auch in dieser Studie bei allen drei Kopf-Hals-Positionen im Schritt im sakralen Wirbelsäulenabschnitt (Marker bei S3 und S5) und im Trab in der lumbalen Wirbelsäule (Marker bei L2 und L4) festgestellt. Das entspricht vorherigen Erkenntnissen (JEFFCOTT et al. 1979, JEFFCOTT und DALIN 1980 und TOWNSEND et al. 1983) nach denen die größte dorsoventrale Bewegung im Schritt am Übergang zwischen dem lumbalen und dem sakralen Wirbelsäulensegment unabhängig von der Kopf-Hals-Haltung auftrat. Der Bewegung und Stellung in den kaudalen Abschnitten der Wirbelsäule insbesondere im Bereich der Lumbalregion wurde schon in früheren Zeiten ein bedeutsamer Einfluss auf die Stellung des Beckens und die Hintergliedmaße zugeschrieben (BÖTTICHER 1878) und kontrovers diskutiert. In der Lumbalregion wird die Kraft der Hinterhand als Schub- oder Tragkraft auf den Pferdekörper übertragen, deshalb ist es insbesondere für das Dressurpferd notwendig, dass diese Region einerseits stabil und andererseits losgelassen und ausreichend beweglich ist. Beim richtig ausgebildeten Dressurpferd manifestiert sich die angestrebte Losgelassenheit in einem Schwingen des Rückens

(MEYER 2008, DENOIX u. PAILLOX 2000). Hierbei handelt es sich um ein hochkomplexes Zusammenspiel des muskuloskeletalen Apparates von Hinterhand und Rücken einerseits und Vorhand, Hals und Psyche des Pferdes andererseits. Deshalb ist die fragmentarische Betrachtung von Einzelergebnissen kinematischer Untersuchungen zur Beurteilung einer Ausbildungsmethode für Pferde ungeeignet. So wurde z.B. eine vermehrte Bewegung in der Lumbalregion (RHODIN et al. 2005, GÓMEZ ÁLVAREZ et al. 2006) in der Rollkurposition auf dem Laufband als Indiz für eine bessere Gymnastizierung des Pferdes im Rahmen der „modernen" Ausbildung fehlinterpretiert (JANSSEN 2006). Einige Zeit später konnten die Ergebnisse, die ohne Reiter auf dem Laufband erzielt wurden, von derselben Autorengruppe bei der Untersuchung von Pferden mit Reitern auf dem Laufband nicht bestätigt werden (RHODIN et al. 2009).

Auch die vorliegende Studie zeigt, dass im Bereich der Lendenwirbelsäule im Trab in der HNP 4 im Vergleich zur HNP 2 keine vermehrte Bewegung auftritt. Die tendenzielle Reduzierung der vertikalen Bewegung der Lendenwirbelsäule in der tiefen Kopf-Hals-Position kann in Verbindung mit den Aussagen von DENOIX 1987 und MEYER 1996 gebracht werden. Diese sowie weitere Autoren (SLEUTJENS et al. 2010, WIJNBERG et al. 2010) stellten fest, dass die tiefe Kopf-Hals-Position, die durch eine verstärkte cervicothorakale Extension gekennzeichnet ist, zu vermehrter Spannung des Nackenbandes und durch Zug an den Bändern und Muskeln der Dornfortsätze sowie an den Rückenmuskeln zu einem straffen nach oben gewölbten Rücken führe, was blockierend auf die Brust- und Lendenwirbelsäule wirke.

An diesen Punkt setzen die neuesten Untersuchungen von KIENAPFEL und PREUSCHOFT 2011 an, die jedoch nicht die Nackenbandspannung an sich, sondern die Halslänge in unterschiedlichen Kopf-Hals-Positionen untersuchen. Ihrer Meinung nach kann nicht bestätigt werden, dass die hyperflektierte Position (HNP 4) die Muskeln bzw. die Nackenbänder überdehne. Ebenso bestreiten Sie den Beitrag der Hyperflexion zur Aufwölbung des Rückens aufgrund der dort attestierten Stauchungen des kaudalen Halsabschnitts. Die Ergebnisse von KIENAPFEL und PREUSCHOFT (2011) erscheinen kontrovers sowohl in der vorliegenden Studie als auch zu den Untersuchungen von VAN WEEREN (2008), die einen kausalen

Zusammenhang zwischen Hyperflexion und Aufwölbung des Rückens festgestellt haben. Vor diesem Hintergrund sollte bis zu einer fortschreitenden Verifizierung zunächst der These von DENOIX und MEYER bezüglich des Zusammenhangs von Nackenbandspannung und Aufwölbung des Rückens in der Hyperflexion gefolgt werden.

Neben der Frage der Extension, respektive Flexion des Rückens sollte in dieser Studie insbesondere die Auswirkung der Kopf-Hals-Haltung auf die Winkelung der Hintergliedmaße untersucht werden. Während RHODIN et al. (2009) keine Verkleinerung des Fesselgelenkwinkels in der tiefen Position feststellen konnten, zeigen die Ergebnisse der vorliegenden Studie, dass die Hyperflexion zu einem signifikant kleineren Fesselgelenkswinkel im Schritt sowie im Trab und zu einer signifikant größeren Bewegungsspanne des Hüftgelenks im Trab führt. Zusätzlich zeigt der Vergleich der Winkelungen von Knie- und Sprunggelenk in allen untersuchten Kopf-Hals-Positionen in beiden Gangarten eine nahezu vollständige Kopplung, die aufgrund der Spannsägenkonstruktion zu erwarten war. Dies haben VAN WEEREN (1990) und BACK et al. (1995a) auch durch kinematische Untersuchungen bestätigt. Die unterschiedlichen Kopf-Hals-Positionen haben somit keinen Einfluss auf die Kopplung von Knie- und Sprunggelenkswinkel. Im Zusammenhang mit der erhöhten Bewegungsspanne im Hüftgelenk für die HNP 4 und der Kopplung von Knie- und Sprunggelenkswinkel für alle Kopf-Hals-Positionen ist die Hypothese dass eine vermehrte Hankenbeugung die Strukturen im distalen Gliedmaßenbereich entlastet (BÖTTICHER 1878), zu überprüfen. Obwohl Knie- und Sprunggelenk in der tiefen Kopf-Hals-Position tendenziell stärker gebeugt werden, ergibt sich zusätzlich im Fesselgelenk eine übermäßige Streckung im Vergleich zur freien und aufgerichteten Kopf-Hals-Position. Eine übermäßige Extension des Fesselgelenks führt zu einer verstärkten Belastung der dorsalen Strukturen dieses Gelenkes einerseits und des Fesseltragapparates andererseits (BUKOWIECKI et al. 1987, HOLMSTRÖM u. DREVEMO 1997, WEITKAMP 2003, MURRAY et al. 2006). Eine nicht vorteilhafte Gliedmaßenstellung (z.B. weiche Fesselung) kann diesen Effekt verstärken (DYSON 2007). Im Rahmen der klassischen Dressurlehre, die eine Gesunderhaltung der Pferde zum Ziel hat, gehört das Hüftgelenk zu den Hanken und muss bei schulgerechter Ausführung versammelter Lektionen je nach Versammlungsgrad in die Hankenbeugung einbezogen werden. Unter Hankenbeugung wird häufig fälschlich eine Steilerstellung des Beckens verstanden. Das Gegenteil ist richtig. Die Beugung des Hüftgelenkes geht mit einer Verspitzung des Hüftgelenkes einher, damit ist eine flachere Stellung des Beckens verbunden. Obwohl die Beugung des Hüftgelenkes in der tiefen Kopf-Hals-Position bei den Probanden dieser Studie auf dem Laufband ohne Reiter nur tendenziell geringer ausgeprägt war als die in den anderen Kopf-Hals-Positionen, kann nicht ausgeschlossen werden, dass diese Tendenz in höheren Versammlungsgraden im Trab (versammelter Trab, Piaffe, Passage) unter dem Reiter deutlich zunimmt. Dafür sprechen in hohem Maße die Ergebnisse von RHODIN et al. (2009), die eine signifikante Vergrößerung des Femurwinkels und damit eine steilere Stellung des Beckens in der HNP 4 (tiefe Kopf-Hals-Position) ermittelt haben. Diese Autoren haben allerdings mit Hilfe des sogenannten Femurwinkels die biomechanischen Vorgänge methodisch etwas anders als in der vorliegenden Arbeit ermittelt. Sie konnten bei tiefer Kopf-Hals-Haltung, einen signifikant größeren Winkel des Hüftgelenkes als in der freien und aufgerichteten Kopf-Hals-Position feststellen. Zumindest tendenziell zeigt die vorliegende Studie dasselbe. Im Gegensatz zur klassischen Ausbildung eines Dressurpferdes werden die versammelten Lektionen heutzutage im modernen Dressursport im Training überwiegend in tiefer Kopf-Hals-Position (BREDA 2006, Mc LEAN et al. 2010), die zu einer vermehrten Hyperextension des Fesselgelenkes führt, geritten. Die Ergebnisse der vorliegenden Arbeit könnten darauf hinweisen, dass diese Art des Trainings somit eine Ursache für häufig bei Dressurpferden aller Klassen festgestellte Erkrankungen des Fesselträgers darstellt (DYSON 2002, MURRAY et al. 2010). Ob unter dem Reiter bei höheren Versammlungsgraden im Trab bei zu gering ausgeprägter Beugung des Hüftgelenkes auch eine Überbelastung der Sprunggelenke – auch Sprunggelenkserkrankungen treten am häufigsten bei Dressurpferden aller Klassen auf (MURRAY et al. 2006) - erfolgt, bleibt weiteren Untersuchungen vorbehalten. Immerhin zeigen die Ergebnisse der vorliegenden Arbeit neben der signifikant stärkeren Überstreckung des Fesselgelenks in der tiefen Kopf-Hals-Position, dass

zumindest tendenziell auch das Sprunggelenk bei der tiefen Kopf-Hals-Position durch vermehrte Beugung stärker belastet wird als in der klassisch aufgerichteten Position.
Außerdem fällt auf, dass die Charakteristika der Bewegungskurven von Hüft-, Knie-, Sprung- und Fesselgelenk in dieser Studie ähnlich denen von BACK et al. (1995a) und RHODIN et al. (2009) ermittelten sind. Die absoluten Werte von Fessel- und Hüftgelenkswinkel unterscheiden sich jedoch. Ursachen dafür könnten sowohl in unterschiedlichen Markerpositionen (in den Studien von GALISTEO et al. (1996), HODSON et al. (2001) und RHODIN et al. (2009) wurden die Positionen der Marker nicht exakt beschrieben) als auch unterschiedliche Pferderassen darstellen.
Die relativ starke Überstreckung des Fesselgelenks in der tiefen Kopf-Hals-Position und die Annahme einer Überbelastung in diesem Bereich wird durch die kinetischen Daten der Untersuchungen mit dem Tekscan®-Hoof™-System gestützt, weil in der freien, natürlichen Kopf-Hals-Position (HNP 1) und in der aufgerichteten (HNP 2) im Bereich der Vordergliedmaßen signifikant stärkere Kraftwerte (vertikale Lastaufnahme) gemessen wurden als in der tiefen Kopf-Hals-Position (HNP 4).
Diese Ergebnisse entsprechen z.T. den Ergebnissen, die im Rahmen des Schweizer Projekts von WALDERN et al. (2009) festgestellt wurden. Die Autoren vermuten, dass sowohl durch Aufrichtung als auch durch tiefe Einstellung der Hals durch das Zügelmaß verkürzt und der Kräfteschwerpunkt nach kaudal verlagert wird (ROEPSTORFF et al. 2002, WALDERN et al. 2009). In der vorliegenden Studie sprechen die größte Entlastung der Vordergliedmaße in der tiefen Kopf-Hals-Position im Vergleich zu den übrigen Kopf-Hals-Haltungen und die größte Hyperflexion im Bereich des Fesselgelenks dafür, dass die resultierende Mehrbelastung der Hinterhand offensichtlich mit einer stärkeren Hyperflexion des Fesselgelenks kompensiert wird. Deshalb ist mit Hilfe der vergleichsweise weniger aufwendigen Methodik der vorliegenden Studie lediglich eine Veränderung (Abnahme der Belastung) im Bereich der Vordergliedmaße feststellbar. Da jedoch mit aufwendigeren Untersuchungsanordnungen mittels Kraftmessplatten unter allen 4 Gliedmaßen gezeigt werden konnte, dass bei Entlastung der Vordergliedmaße die Last kompensatorisch auf die Hintergliedmaße verlagert wird (RHODIN et al. 2005,

GÓMEZ ÁLVAREZ et al. 2006, WEISHAUPT et al. 2006), erscheint es möglich auf die kinetische Untersuchung der Hintergliedmaße zu verzichten, wenn lediglich die Verschiebung der Belastung von der Vorhand auf die Hinterhand unter unterschiedlichen Einflüssen (z.B. Kopf-Hals-Haltungen) untersucht werden soll. Eine mögliche Ursache für die Entlastung der Vorhand bei tiefer Kopf-Hals-Haltung könnte darin liegen, dass die Pferde aufgrund einer Einschränkung des Wohlbefindens, insbesondere bei erzwungener tiefer Kopf-Hals-Position reflektorisch das Gewicht auf die Hintergliedmaße umverteilen. Dieses könnte der Erhaltung der Fliehfähigkeit des Beutetieres Pferd dienen, da insbesondere bei der tiefen Kopf-Hals-Haltung die visuelle Erfassung des Umfeldes deutlich reduziert wird (Mc GREEVY 2004). Da mit der vermehrten Belastung der Hinterhand mit hoher Wahrscheinlichkeit eine Tonuserhöhung der Muskulatur verbunden ist, könnte im „Ernstfall" ein besseres Beschleunigungspotential zur Fluchtbewegung verfügbar sein. Diese Erhöhung der Erregungsbereitschaft aufgrund einer Einschränkung der Fliehfähigkeit in Verbindung mit der tiefen Kopf-Hals-Position könnte erklären, warum entgegen der Erwartung in der tiefen Kopf-Hals-Haltung eine stärkere Entlastung der Vorhand erfolgt als in der aufgerichteten Kopf-Hals-Haltung. Mit der vermehrten Entlastung der Vorhand bei der zur Brust des Pferdes ausgebundenen tiefen Kopf-Hals-Position geht insbesondere im Schritt die signifikante Verstärkung der Hyperextension der Fesselgelenke der Hinterhand einher. Dagegen war die Entlastung der Vordergliedmaße im Trab trotz einer signifikanten Überstreckung der hinteren Fesselgelenke geringer als im Schritt. Eine Entlastung der Vorhand konnte im Trab bei Verkürzung der Hals-Position (aufgerichtet, tief) der in dieser Studie gewählten Geschwindigkeit tendenziell festgestellt werden. Bei größeren Geschwindigkeiten wurde dagegen von anderen Autoren auch im Trab sowohl bei aufgerichteter als auch bei tiefer Kopf-Hals-Position eine signifikante Verschiebung der Last von der Vorhand auf die Hinterhand ermittelt (WEISHAUPT et al. 2006).

Im Rahmen der Diskussion um überlieferte und „moderne" Reitweisen stellt sich abschließend die Frage ob mit Hilfe der Ergebnisse dieser Studie und anderer moderner Bewegungsanalysen Beobachtungen der Reitmeister des 19. Jahrhunderts (z.B. durch BÖTTICHER, 1878) verifiziert werden können oder falsifiziert werden müssen. Weitgehend zu bestätigen ist die Erkenntnis, dass im Schritt und im Trab bei der tiefen Kopf-Hals-Position (HNP 4) zumindest auf dem Laufband ohne Reiter eine vermehrte Überstreckung des Fesselgelenkes der Hintergliedmaße erfolgt. Im Gegensatz zu alten Hypothesen wird dabei – zumindest ohne Reiter – die Vorhand zunächst nicht vermehrt belastet. Eine weitere Hypothese, die davon ausgeht, dass eine tiefe Kopf-Hals-Haltung insofern eine nicht schulgerechte Hankenbeugung nach sich zieht, als das Hüftgelenk dabei auf Kosten der darunterliegenden schwächeren Gelenke weniger stark gebeugt wird, scheint sich im Rahmen der vorliegenden Arbeit in Verbindung mit den Ergebnissen anderer Autoren zu bestätigen. Im Zusammenhang mit der tiefen Kopf-Hals-Haltung wurde von RHODIN et al. 2009 eine reduzierte Beugung in der Hüftregion festgestellt (s.S.113).

Das herausragende Ergebnis dieser Studie liegt in dem Beweis der Hypothese alter Meister, dass bei tiefer Kopf-Hals-Position der Winkel im Hüftgelenk größer und die übrigen Winkel der Gelenke der Hintergliedmaße insbesondere der Fesselgelenkswinkel im Vergleich zu den anderen Kopf-Hals-Positionen kleiner wird. Es bleibt allerdings die Frage, ob sich auch in Bezug auf die Lastverteilung die Ergebnisse früherer Beobachtungen und moderner Untersuchungen ähneln, insbesondere wenn Pferde unter dem Reiter auf natürlichem Boden in der extremen Rollkurposition geritten werden. Die extreme Rollkurposition konnte nämlich weder in der vorliegenden Studie noch von anderen Autoren auf dem Laufband reproduziert werden (RHODIN et al. 2009). Dazu ist eine von der überlieferten Reitweise abweichende repressive reiterliche Einwirkung notwendig (MEYER 2008). Diese ist auf heutigen Reitturnieren zwar allgegenwärtig, aus ethischen Gründen im Rahmen wissenschaftlicher Studien, besonders auf dem Laufband nicht vertretbar. Außerdem liegen in der Arbeit von BÖTTICHER (1878) keine Abbildungen vor, sodass die von ihm beschriebene Kopf-Hals-Position den heute praktizierten, von der überlieferten Reitweise abweichenden, Kopf-Hals-Positionen nicht eindeutig zugeordnet werden kann. Wenn auf dem Laufband insbesondere ohne Reiter im Gegensatz zu früheren Beobachtungen bei der tiefen Kopf-Hals-Position im Vergleich zur freien Kopf-Hals-Position eine Entlastung der Vorhand eintritt, bedeutet das nicht, dass diese

Reitweise für das Pferd insgesamt schonender ist als die überlieferte. Ein Hinweis für die Entlastung der Vorhand ist, vor allem bei jungen Pferden, die aus Gründen der Vermarktung einer „Schnellausbildung mit extrem tiefer und enger Halsposition“ unterzogen werden (MURRAY et al. 2010), eine vermehrte Belastung des Fesselgelenkes und damit auch des Fesselträgers. Dieses wird von verschiedenen Autoren (DYSON 2002, KOLD u. DYSON 2003 und MURRAY et al. 2006) als Ursache für die Häufung der Fesselträgerschäden der Hintergliedmaße in den letzten Dekaden vermutet. Die vermehrte Belastung des Fesselgelenks mit Erkrankung des Fesselträgers resultiert dabei mit hoher Wahrscheinlichkeit aus dem übertriebenen Reiten, insbesondere junger Pferde in forcierten Trabverstärkungen (MURRAY et al. 2010).

Zusammenfassend konnte mit den in der vorliegenden Arbeit verwendeten Analysesystemen ein weiterer Beitrag zur Erforschung der Auswirkungen unterschiedlicher Kopf-Hals-Haltungen auf die Gliedmaßenmotorik beim Pferd geleistet werden. Es ist gelungen mit einer kostengünstigeren Hard- und Software, als in anderen Untersuchungen angewendet, deren Ergebnisse nachzuvollziehen. Außerdem sind im Rahmen dieser Studie die Kopf-Hals-Positionen nicht nur subjektiv beschrieben sondern mit Hilfe neu definierter Winkel zwischen Kopf und Hals einerseits und Hals und Thorax andererseits objektiviert worden.
Die Ergebnisse weisen darauf hin, dass die von der überlieferten Reitweise abweichende Kopf-Hals-Position (HNP 4), die mit einer übermäßigen Beugung des Halses einhergeht zu einer vermehrten Belastung der distalen Gliedmaßenabschnitte, insbesondere der hinteren Fesselgelenke führen, die wiederum Erkrankungen z.B. des Fesselträgers hervorrufen können.
Im Gegensatz zu den hier untersuchten Kopf-Hals-Haltungen besteht seit dem 20. Jahrhundert (RHODIN et al. 2009) Übereinstimmung darüber, dass die absolute Aufrichtung sowohl dem harmonischen Bewegungsablauf entgegensteht als auch der Pferdegesundheit schadet. Deshalb wurde die Kopf-Hals-Position in der vorliegenden Arbeit nicht untersucht. Auch die Ergebnisse der vorliegenden Studie zeigen dass Kopf-Hals-Haltungen, die mit einer stärkeren Beugung als in der

klassischen Kopf-Hals-Position einhergehen, die Gefahr von orthopädischen Erkrankungen beinhalten. Ab welchem Grad der Abweichung von der klassischen Kopf-Hals-Haltung und ab welcher Intensität und Länge der Arbeitseinheiten allerdings welche Art und welches Ausmaß von Folgeschäden zu erwarten ist muss in weiteren Untersuchungen geklärt werden. Bis dahin soll gelten:

Solange für bestimmte reiterliche Maßnahmen und Ausbildungsmethoden wissenschaftlich nicht eindeutig nachgewiesen ist, dass damit keine Schmerzen, Leiden und Schäden verbunden sind, sollte nicht von der über Jahrhunderte zur Gesunderhaltung gewachsenen Ausbildung der Reitpferde, die in den Richtlinien für Reiten und Fahren niedergelegt ist, abgewichen werden (STADLER 2010).

6 Zusammenfassung

Anna Kattelans

Eine Untersuchung zum Einfluss der Kopf-Hals-Haltungen auf Gelenkwinkel der Hintergliedmaße mit dem Bewegungsanalysesystem Simi und dem Tekscan®-Hoof™-System

Die potentiellen Auswirkungen verschiedener Reitweisen sind nicht nur unter historischer Betrachtung, sondern insbesondere vor der aktuellen Diskussion der sogenannten Rollkur bzw. Hyperflexion bedeutsam. Deshalb sollte in der vorliegenden Arbeit geklärt werden, welchen Einfluss unterschiedliche Kopf-Hals-Haltungen auf die Gliedmaßenmotorik des Pferdes haben. Die Grundlage dafür lag in einer Kombination kinetischer und kinematischer Untersuchungen bei zehn lahmfreien Pferden, die im Schritt und im Trab in drei unterschiedlichen Kopf-Hals-Positionen auf dem Laufband bewegt wurden.

Es wurde im Rahmen der vorliegenden Arbeit zunächst eine Methode zur kinetischen und kinematischen Bewegungsanalyse beim Pferd mit Hilfe von zwei vergleichsweise kostengünstigen Analysesystemen der Firma SIMI und dem Tekscan®-Hoof™-System entwickelt. Anhand der mit dem Videoanalysesystem gemessenen Kopf-Hals-Winkel erfolgte die Objektivierung der drei gewählten Kopf-Hals-Positionen. Die drei Kopf-Hals-Positionen unterscheiden sich sowohl im Schritt als auch im Trab signifikant voneinander. Den kleinsten atlantooccipitalen sowie den größten cervicothorakalen Winkel wies die tiefe Kopf-Hals-Position (HNP 4) auf. Dabei nimmt der Grad der Flexion sowohl im atlantooccipitalen Gelenk von der freien Kopf-Hals-Position zur relativ aufgerichteten und im cervicothorakalen Gelenk von der freien Kopf-Hals-Position über die relativ aufgerichtete bis zur tiefen Kopf-Hals-Position signifikant zu. Das bedeutet, dass einerseits kein signifikanter Unterschied der Flexion im atlantooccipitalen Bereich zwischen der Hyperflexion und der relativen Aufrichtung erkennbar war andererseits jedoch bei Betrachtung der Summe beider Winkel die Abweichung von der natürlichen Kopf-Hals-Position in der Rollkurposition

am größten ist. Die Veränderung der Kopf-Hals-Haltung beeinflusste schließlich bei der hier angewendeten Methodik den cervicothorakalen Winkel in hohem Maße stärker als den atlantooccipitalen Winkel.
Zur Interaktion zwischen Kopf-Hals-Position und Hintergliedmaßenwinkel konnte gezeigt werden, dass das Fesselgelenk in der tiefen Kopf-Hals-Position (HNP 4) im Vergleich zur freien (HNP 1) und relativ aufgerichteten Kopf-Hals-Position (HNP 2) signifikant stärker gestreckt wird und die Bewegungsspanne des Hüftgelenks im Trab signifikant zunimmt. Gleichzeitig führt die tiefe Kopf-Hals-Position zu tendenziellen Vergrößerungen des Hüftgelenkwinkels und Verkleinerungen von Knie- und Sprunggelenkwinkel im Vergleich zu den anderen Kopf-Hals-Positionen. Zusammenfassend lässt sich damit eine Überbelastung der Hintergliedmaße in der HNP 4 vermuten, die durch die kinetischen Untersuchungen dieser Studie gestützt wird.
Die mit Hilfe des Tekscan®-Hoof™-System ermittelte vertikale Belastung der Vordergliedmaße ergab in der freien und natürlichen Kopf-Hals-Position signifikant stärkere Kraftwerte (vertikale Belastung) als in der aufgerichteten (HNP 2) und in der tiefen Kopf-Hals-Position (HNP 4). Aufgrund der kinetischen und kinematischen Analyse wird somit angenommen, dass die Entlastung der Vordergliedmaße in der tiefen Kopf-Hals-Position (HNP 4) mit der Überstreckung im Fesselgelenk der Hintergliedmaße einhergeht und somit durch eine zunehmende Belastung der Hintergliedmaße in der tiefen, zur Brust hingezogenen Kopf-Hals-Position kompensiert wird.

Mit der vorliegenden Studie ist es gelungen, kinetische und kinematische Messungen an Pferden mit einem weitgehend kostengünstigen System (Firma Simi und Tekscan®) durchzuführen.
Mit Hilfe dieser Analysesysteme liegt ein weiterer Beitrag zur Erforschung der Auswirkungen unterschiedlicher Kopf-Hals-Haltungen auf die Gliedmaßenmotorik beim Pferd vor. Die Ergebnisse der kinetischen und kinematischen Untersuchungen zeigen, dass die Kopf-Hals-Haltungen, die mit einer stärkeren Beugung als in der klassischen Kopf-Hals-Position einhergehen in den Fesselgelenken der

Hintergliedmaße eine stärkere Hyperextension auslösen als die übrigen Körperhaltungen. Das könnte nicht nur eine Ursache für Erkrankungen des Fesselgelenkes, sondern auch für die gestiegene Zahl der Erkrankungen des Fesselträgerursprungs der Hintergliedmaße in den letzten Dekaden sein.

7 Summary

Anna Kattelans

The influence of different head and neck positions on hindlimb kinematics with gait analysis system Simi and Tekscan®-Hoof™-System

The potential effects of different riding styles are important not only in historical observations but especially with regard to the current discussion on Hyperflexion or Rollkur.

The aim of this study was to analyze the influence of different head and neck positions on hindlimb biomechanics. The basic research concept was a combination of kinetic and kinematic recordings in ten healthy horses which had to walk and trot on a treadmill in three different head and neck positions. In a first step kinematic and kinetic methods were developed for equine gate analysis with a relatively inexpensive three-dimensional high frequency motion analysis system of Simi as well as hoof pressure system of Tekscan®. This video analysis system allowed the objectivization of the three head and neck positions which were chosen for this analysis. The results illustrate that the three head and neck positions differ significantly from each other in walk and trot. Hyperflexion (HNP 4) showes the smallest angle in the atlantooccipital joint and the largest angle in the cervicothoracal joint. The degree of flexion thereby increases significantly in the atlantooccipital joint from the free to the relatively straight head and neck position as well as in the cervicothoracal joint from the free via the relatively straight to hyperflexion. This implies that on the one hand there is no significant difference of flexion in the atlantooccipital joint between the hyperflexion and the relatively straight head and neck position but that on closer examination of the sum of both angles on the other hand the deviance between the natural head and neck position and the low position (HNP 4) was the greatest. The change in the natural head and neck position, as

applied in our method, eventually influenced the cervicothoracal angle to a higher degree than the atlantooccipital angle.
Regarding the interaction between the head and neck positions and the hindlimb kinematics it could be demonstrated that the fetlock joint was significantly hyperextended in the low position in comparison to the other two above mentioned head and neck positions and that at the same time the range of motion in the hip joint increased significantly during trot. Furthermore, the low head and neck position tends to results in an increase of the hip joint angle and a decrease of the knee and stifle angle in comparison to the other head and neck positions.

In summary an overstressing of the hindlimb in hyperflexion can be assumed which is supported by the kinetic measurements of this study. The vertical ground reaction force of the frontlimb measured by using Tekscan®-Hoof™-System was significantly higher in the free head and neck position than in the relatively straight and low position. Based on the kinetic and kinematic analysis it can be hypothesized that the hindlimbs had to compensate the load removal of the frontlimbs and the hyperextension of the hindlimb fetlock in the low head and neck position (HNP 4).

In conclusion this study analyzed the kinetic and kinematic forces in movements of horses with two relatively inexpensive analysis systems (Simi and Tekscan®). With the help of these analysis systems it was possible to publish a further crucial contribution for the analysis of limb kinematics of horses. The results of the kinetic and kinematic analysis show that those head-neck-positions which come along with a stronger flexion than those in classical head-neck-positions cause a higher hyperextension in the hindlimb fetlock joints as the other postures do.
This could in turn not only be the cause for disorders in the fetlock joint but also for the increasing number of proximal suspensory desmitis in hindlimbs of horses over the last decades.

8 Literaturverzeichnis

ADRIAN, M., B. GRANT, M. RATZLAFF, J. RAY und C. BOULTON (1977)
Electrogoniometric analysis of equine metacarpophalangeal joint lameness
Am. J. Vet. Res. 38, 431-435

AUDIGIÉ, F., P. POURCELOT, C. DEGUEURCE, J. M. DENOIX und D. GEIGER (1999)
Kinematics of the equine back: flexion-extension movements in sound trotting horses
Equine Vet. J. Suppl. 30, 210-213

AUER, J. A. und K. D. BUTLER (1985)
An introduction to the KAEGI equine gait analysis system in the horse
Proc. Am. Ass. Equine. Pract. 31, 209-226

BACK, W. und H. M. CLAYTON (2001)
Equine Locomotion
Verlag W. B. Saunders, Philadelphia, London

BACK, W., H. C. SCHAMHARDT, H. H. C. M. SAVELBERG, A. J. VANDENBOGERT, G. BRUIN, W. HARTMAN und A. BARNEVELD (1995a)
How the Horse Moves .1. Significance of graphical representations of equine forelimb kinematics
Equine Vet. J. 27, 31-38

BACK, W., H. C. SCHAMHARDT, H. H. SAVELBERG, A. J. VAN DEN BOGERT, G. BRUIN, W. HARTMAN und A. BARNEVELD (1995b)
How the horse moves: 2. Significance of graphical representations of equine hind limb kinematics.
Equine Vet. J. 27, 39-45

BACK, W., H. C.SCHAMHARDT und A. BARNEVALD (1996):
The influence of conformation on fore and hind limb kinematics of the trotting Dutch Warmblood horse
Pferdeheilkunde 12, 647-650

BADOUX, M. (1975)
in: SISSON, S., GROSSMAN, J. D.
The Anatomy of the Domestic Animals
Verlag Saunders Philadelphia, London

BALKENHOL, K., H. MÜLLER, M. PLEWA UND D. G. HEUSCHMANN (2003)
Zur Entfaltung kommen- statt zur Brust genommen
Reiter Revue international 4, 46-50

BARNEVELD, M. S. V. O.-O. A. (1995)
Comparison of the workload of Dutch Warmblood horses ridden normally and on a treadmill
Veterinary Record 137, 136-139

BARREY, E., P. GALLOUX, J. P. VALETTE, B. AUVINET und R. WOLTER (1993a)
Determination of the optimal treadmill slope for reproducing the same cardiac response in saddle horses as overground exercise conditions
Vet. Rec. 133, 183-185

BARREY, E., P. GALLOUX, J. P. VALETTE, B. AUVINET und R. WOLTER (1993b)
Stride Characteristics of Overground versus Treadmill Locomotion in the Saddle Horse
Acta Anat.146, 90-94

BIAU, S., O. COUVE, S. LEMAIRE und E. BARREY (2002)
The effect of reins on kinetic variables of locomotion
Equine Vet. J. Suppl. 359-362

BOBBERT, M. F., C. B. GOMEZ ALVAREZ, P. R. VAN WEEREN, L. ROEPSTORFF und M. A. WEISHAUPT (2007)
Validation of vertical ground reaction forces on individual limbs calculated from kinematics of horse locomotion
J. Exp. Biol. 210, 1885-1896

BORSTEL, V., U., I. J DUNCAN, A. K SHOVELLER, K. MERKIES, L. J KEELING, und S. T MILLMAN (2009)
Impact of riding in a coercively obtained Rollkur posture on welfare and fear of performance horses
J. Appl. Anim. Beha. Sci. 116, 228-236

BÖTTICHER, D. F (1878)
"Reiten und Dressieren", Anleitung zur Ausbildung des Reitpferdes
Berlin, Verlag Wiegand, Hempel und Parey

BREDA, V. E. (2006)
A nonnatural head-neck position (Rollkur) during training results in less acute stress in elite, trained, dressage horses
J. Appl. Anim. Welf. Sci. 9, 59-64

BUCHNER, H. H., H. H. SAVELBERG, H. C. SCHAMHARDT, H. W. MERKENS und A. BARNEVELD (1994a)
Kinematics of treadmill versus overground locomotion in horses
Vet. Q. Suppl. 16, 87-90

BUCHNER, H. H. F., H. H. C. M. SAVELBERG, H. C. SCHAMHARDT, H. W. MERKENS und A. BARNEVELD (1994b)
Habituation of horses to treadmill locomotion
Equine Vet. J. Suppl. 26, 13-15

BUKOWIECKI , CF, BRAMLAGE, LR, GABEL, AA. (1987)
In vitro strength of the suspensory apparatus in training and resting horses
Vet Surg. 1987; 16 (2): 126 – 130

BÜRGER, U. und O. ZIETSCHMANN (1939)
Der Reiter formt das Pferd
Verlag M.& H. Schaper, Hannover

BYSTRÖM, A., L. ROEPSTORFF und C. JOHNSTON (2006)
Influence of drawn reins on limb kinematics in relation to kinetics
Equine Vet. J. Suppl. 36, 452-456

CAANITZ H. (1996)
Ausdrucksverhalten von Pferden und Interaktionen zwischen Pferd und Reiter zu Beginn der Ausbildung
Hannover, Tierärztliche Hochschule, Diss.

CARTER, E. J., L. D. GALUPPO, J. R. SNYDER und N. H. WILLITS (2001):
Evaluation of an in-shoe pressure measurement system in horses
Am. J. Vet. Res 62, 23-28

CAUDRON, I., S. GRULKE, F. FARNIR, P. VANSCHEPDAEL und D. SERTEYN (1998)
In-shoe foot force sensor to assess hoof balance determined by radiographic method in ponies trotting on a treadmill
Vet. Q. 20, 131-135

CLAYTON, H. M., und H.G.G TOWNSEND (1989)
Kinematics of the cervical spine of the adult horse
Equine Vet. J. 21, 189-192

CLAYTON, H. M. (1991)
Advances in Motion Analysis
Vet. Clin. North Am.-Equine Pract. 7, 365-382

CLAYTON, H. M., J. L. LANOVAZ, H. C. SCHAMHARDT und R. VAN WESSUM (1999)
The effects of a rider's mass on ground reaction forces and fetlock kinematics at the trot
Equine Vet. J. Suppl. 30, 218-221

CLAYTON, H. M. und H. C. SCHAMHARDT (2001)
Measurement techniques for gait analysis
In: W. BACK und H. CLAYTON
Equine Locomotion
Verlag W.B. Saunders, Philadelphia, London

CORBIN, I. (2004)
Kinematische Analyse des Bewegungsablaufes bei Pferden mit Gliedmaßenfehlstellungen und deren Behandlung durch Beschlagskorrekturen
Hannover, Tierärztliche Hochschule, Diss.

COUROUCE, A., O. GEFFROY, E. BARREY, B. AUVINET und R. J. ROSE (1999)
Comparison of exercise tests in French trotters under training track, racetrack and treadmill conditions
Equine Vet. J. Suppl. 30, 528-532

DALIN, G. u. L. B. JEFFCOTT (1985)
Locomotion and gait analysis
Vet. Clin. North Am. Equine Pract. 1, 549-572

DÄMMRICH, K., RANDELHOFF, A., WEBER, B. (1993)
Ein morphologischer Beitrag zur Biomechanik der thorakolumbalen Wirbelsäule und pathogenese des Syndroms sich berührender Dornfortsätze (Kissing-Spine-Syndrom) bei Pferden
Pferdeheilkunde 5, 267-281

DEUTSCHE REITERLICHE VEREINIGUNG (1997)
Dressurausblidung (Grundschulung), Die Ausbildungsskala
In: Deutsche Reiterliche Vereinigung e. V (Hrsg.): Richtlinien für Reiten und Fahren Band 1, Grundausbildung für Reiter und Pferd
FNverlag der Deutschen Reiterlichen Vereinigung GmbH, Warendorf

DENOIX, J. M. und J.P. PAILLOUX (2000)
Anatomie und biomechanische Grundlagen
In: DENOIX, J.-M. und J.-P.PAILLOUX. (Hrsg.): Physiotherapie und Massage bei Pferden
Verlag Eugen Ulmer GmbH & Co., Stuttgart (Hohenheim)

DOHNE, W. (1991)
Biokinetische Untersuchungen am Huf des Pferdes mittels eines Kraftmeßschuhes
Hannover, Tierärztliche Hochschule, Diss.

DYSON, S.J (2002)
Lameness and poor performance in the sport horse dreassage, shoe jumping and horse trials
J. Equine Vet. Sci 22, 145-150

DYSON, S.J. (2007)
Diagnosis and Management of Common Suspensory Lesions in the Forelimbs and Hindlimbs of Sport Horses
Clinical techniques in Equine Practice 6, 179-188

ELGERSMA, A. E., I. D. WIJNBERG, J. SLEUTJENS, J. H. VAN DER KOLK, P. R. VAN WEEREN und W. BACK (2010)
A pilot study on objective quantification and anatomical modelling of in vivo head and neck positions commonly applied in training and competition of sport horses
Equine Vet. J. 42, 436-443

EVRARD, P. (2004)
Die Halswirbelsäule
In: EVRARD, P. (Hrsg.): Lehrbuch der Strukturellen Osteopathie beim Pferd
Enke Verlag, Stuttgart

FABER, M., H. SCHAMHARDT, R. VAN WEEREN, C. JOHNSTON, L. ROEPSTORFF und A. BARNEVELD (2000)
Basic three-dimensional kinematics of the vertebral column of horses walking on a treadmill
Am. J. Vet. Res. 61, 399-406

FABER, M., H. SCHARMHARDT, R. VAN WEEREN und A. BARNEVELD (2001)
Methodology and validity of assessing kinematics of the thoracolumbar vertebral column in horses on the basis of skin-fixated markers
Am. J. Vet. Res. 62, 301-306

FABER, M., C. JOHNSTON, H. SCHAMHARDT, R. VAN WEEREN, L. ROEPSTORFF und A. BARNEVELD (2001a)
Basic three-dimensional kinematics of the vertebral column of horses trotting on a treadmill
Am. J. Vet. Res. 62, 757-764

FABER, M., C. JOHNSTON, H. C. SCHAMHARDT, P. R. VAN WEEREN, L. ROEPSTORFF und A. BARNEVELD (2001b)
Three-dimensional kinematics of the equine spine during canter
Equine Vet. J. Suppl. 145-149

FABER, M, C. JOHNSTON, P. R. VAN WEEREN und A. BARNEVELD (2002)
Repeatability of back kinematics in horses during treadmill locomotion
Equine Vet. J. 34, 235-241

FEI (2010)
FEI Round Table Conference resolves Rollkur controversy.
Press Release Feb. 9th, 2010
www.fei.org

FREDRICSON, I., S. DREVEMO, G. DALIN, G. HJERTEN, K. BJORNE, R. RYNDE und G. FRANZEN (1983)
Treadmill for Equine Locomotion Analysis
Equine Vet. J. 15, 111-115

GALISTEO, A.M, M. R. CANO, F. MIRO, J. VIVO, J.L. MORALES, E. AGÜERA (1996)
Angular joint parameters in the andalusian horse at walk, obtained by normal videography
Journal of Equine Vet. Sci.16, 73-77

GEHLEN, H. (2011)
Hyperflexion von Kopf und Hals: Auswirkungen auf die oberen Atemwege, Blut-Cortisol, Rittigkeit und Verhalten
Vortrag im Rahmen der XIX. Equitana 2011

GEYER, H. (2001)
Anatomie und Biomechanik des Kopf- Halsbereichs
7. Kongress für Pferdemedizin und - Chirurgie, Genf

GEYER, H. und M. A. WEISHAUPT (2006)
Der Einfluss von Zügel und Gebiss auf die Bewegungen des Pferdes - Anatomisch-funktionelle Betrachtungen
Pferdeheilkunde 22, 597-600

GIRTLER, D. (1987)
Untersuchungen über die Dauer des Bewegungszyklus- Stützbeinphase, Hangbeinphase, Phasenverschiebung- bei lahmen und bewegungsgestörten Pferden im Schritt und Trab sowie kinematische Beurteilungen zu deren Bewegungsmuster.
Habilitationsschrift zur Erlangung der Venia legendi, Veterinärmedizinische Fakultät Wien.

GIRTLER, D., C. PEHAM und C. KICKER (2003)
Zur Biomechanik der Hintergliedmaße beim Pferd- Einfluss der Anhebung der Trachten auf das Sprunggelenk
Pferdeheilkunde 3 345-348

GOFF, L., P. R. VAN WEEREN, L. JEFFCOTT, P. CONDIE und C. McGOWAN (2010)
Quantification of equine sacral and iliac motion during gait:
A comparison between motion capture with skin-mounted
and bone-fixated sensors
Equine vet. J. Suppl. 468-474

GÓMEZ ÁLVAREZ, C. B., M. RHODIN, M. F. BOBBER, H. MEYER, M. A. WEISHAUPT, C. JOHNSTON und P. R. VAN WEEREN (2006)
The effect of head and neck position on the thoracolumbar kinematics in the unridden horse
Equine Vet. J. Suppl. 445-451

GÓMEZ ÁLVAREZ, C. B. (2007)
The biomechanical interaction between vertebral column and limbs in the horse: a kinematical study
Utrecht, Departement of Equine Science, Diss

GÓMEZ ÁLVAREZ, C. B., M. F BOBBERT, L. LAMERS., C. JOHNSTON, W. BACK und P. R VAN WEEREN (2008)
The effect of induced hindlimb lameness on thoracolumbar kinematics during treadmill locomotion
Equine Vet. J. 40, 147-152

GÓMEZ ÁLVAREZ, C. B., M. RHODIN, A. BYSTROM, W. BACK und P. R. VAN WEEREN (2009)
Back kinematics of healthy trotting horses during treadmill versus over ground locomotion
Equine Vet. J. 41, 297-300

GRAY, P. (1997):
Die Lahmheiten des Pferdes.
Kosmos Verlag, Stuttgart

H.DV. 12
Heeresdienstvorschrift vom 18.8.1937
Verlag: Mittler & Sohn, Berlin

HODSON, E., H. M. CLAYTON und J. L. LANOVAZ (2001)
The hindlimb in walking horses: 1. Kinematics and ground reaction forces
Equine Vet J 33, 38-43

HOLMSTRÖM, M., L.E. MAGNUSSON und J. PHILIPSSON (1990)
Variation in confirmation of swedish warmblood horses and confirmational charakteristics of elite sport horses
Equine Vet J 22, 186-193

HOLMSTRÖM, M. und S. DREVEMO (1997)
Effects of trot quality and collection on the angular velocity in the hindlimbs of riding horses
Equine Vet J 29, 62-65

HOPPE, B. (2002)
Die Überprüfung des KODAK motion corder analyzer SR 500 zur Anwendung als Bewegungsanalysesystem beim Pferd
Hannover, Tierärztliche Hochschule, Diss

HUSKAMP, B., TIETJE, S., NOWAK, M. u. STADTBÄUMER, G. (1990)
Fußungs- und Bewegungsmuster gesunder und strahlbeinkranker Pferde - gemessen mit dem Equine- Gait- Analysis- System (EGA- System).
Pferdeheilkunde 6, 231-236.

JANSSEN, S. (2003)
Zur Brust genommen
Reiter Revue international 2: 41-45

JANSSEN, S. (2006)
The trainer´s view on over-bending (Rollkur) as a training aid for dressage competition.
In: Zusammenfassung der Vorträge beim FEI-Workshop "Over bending" 2006 in Lausanne

JEFFCOTT, L. B (1979)
Back Problems in the horse-Alock at past, present and future progress
Equine Vet J 11, 129-136

JEFFCOTT, L. B. und G. DALIN (1980):
Natural rigidity of the horse's backbone.
Equine Vet J 12, 101-108

JONES, J. H., H. OHMURA, S. D. STANLEY und A. HIRAGA (2006)
Energetic cost of locomotion on different equine treadmills
Equine Vet. J. 38, 365-369

KIENAPFEL, K. u. PREUSCHOFT, H. (2011)
Was bewirkt das Aufrollen des Pferdehalses?- Einflüsse der Halsstellung auf die Dehnung der Weichteile
Pferdeheilkunde 27, 358-370

KIENAPFEL.K (2011)
Und was meinen die Pferde dazu?- Über das Ausdrucksverhalten von Pferden bei verschiedenen Halsstellungen
Pferdeheilkunde 27 ,372-380

KOLD, S. E und DYSON, S.J (2003)
Lameness in the dressage horse
In: Diagnosis and Management of Lameness in the Horse
W B Saunders, St Louis, USA

KRÜGER.W. (1939)
Über die Schwingungen der Wirbelsäule- insbesondere der Wirbelbrücke- des Pferdes während der Bewegung
Berl. und Münch. Tierärztl. Wschr. 13, 197-203

LANYON, L. E. (1971)
Use of an accelerometer to determine support and swing phases of a limb during locomotion
Am. J. Vet. Res., 32 (7), 1099-1101

LEACH, D.H. u. DAGG, A.I. (1983)
Evolution of Equine Locomotion Research
Equine Vet. J. 15, 87-92.

LEACH, D.H (1983)
A review of research on equine locomotion and biomechanics
Equine Vet. J. 15, 93-102

LICKA, T., C. PEHAM u. E. ZOHMANN (2001)
Range of back movement at trot in horses without back pain
Equine Vet. J. 33, 150-153

Mc GREEVY. P. (2004)
Equine Behavior: A Guideline for Veterinarians and Equine Scientists
W.B. Saunders, Edinburgh, Philadelphia

Mc LEAN, A. and P. Mc GREEVY (2010)
Horse-training techniques that may defy the principles of learning theory and comprise welfare
J. Vet. Behav.: Clin. Appl. Res, 5, 187-195

MERKENS, H. W., H. C. SCHAMHARDT, W. HARTMAN und A. W. KERSJES (1986):
Ground Reaction Force Patterns of Dutch Warmblood Horses at Normal Walk
Equine Vet. J. 18, 207-214

MERKENS, H. W., H. C. SCHAMHARDT, W. HARTMAN und A. W. KERSJES (1988)
The use of Horse INDEX: a method of analysing the ground reaction force patterns of lame and normal gaited horses at the walk
Equine Vet. J. 20, 29-36

MERKENS, H. W., H. C. SCHAMHARDT, G. J. V. M. VANOSCH und W. HARTMAN (1993a)
Ground Reaction Force Patterns of Dutch Warmbloods at the Canter
Am. J. Vet. Res. 54, 670-674

MERKENS, H. W., H. C. SCHAMHARDT, G. J. V. M. VANOSCH und A. J. VAN DEN BOGERT (1993b)
Ground Reaction Force Patterns of Dutch Warmblood Horses at Normal Trot
Equine Vet. J. 25, 134-137

MEYER, H. (1996)
Zum Zusammenhang von Halshaltung, Rückentätigkeit und Bewegungsablauf beim Pferd
Pferdeheilkunde 12, 807-822

MEYER, H. (2008)
Roll-Kur- Die Überzäumung des Pferdes
Wu Wei Verlag, Schondorf

MURRAY, R.C., DYSON, S.J., TRANQUILLE, C. und ADAMS, V.(2006)
Association of type of sport and performance level with anatomical site of orthopaedic injury diagnosis
Equine Vet. J. 38, 411-416

MURRAY, R.C., WALTERS, J.M., SNART, H., DYSON S.J. und PARKIN, T.D.H (2010)
Identification of risk factors for lameness in dressage horses
The Veterinary Journal, 184, 27-36

NICKEL, R., SCHUMMER, A. und E. SEIFERLE (2001)
Statik und Dynamik des Bewegungsapparates
In: Lehrbuch der Anatomie der Haustiere, Band I.
Paul Parey Verlag, Berlin

OLDRUITENBORGH- OOSTERBAAN, M. M. S. VAN und BARNEVELD, A. (1995)
Comparison of the Workload of Dutch Warmblood Horses Ridden Normally and on a Treadmill
Vet. Rec. 137, 136-139.

OLDRUITENBORGH-OOSTERBAAN, M. M. S VAN und H. M CLAYTON (1999)
Advantages and disadvantages of track vs. treadmill tests
Equine Vet. J. Suppl. 30, 645-647

OOSTERLINCK, M., F. PILLE, T. HUPPES, F. GASTHUYS und W. BACK (2009)
Comparison of pressure plate and force plate gait kinetics in sound Warmbloods at walk and trot
Equine Vet. J.186,347-351

OOSTERLINCK, M., F. PILLE, W. BACK, J. DEWULF und F. GASTHUYS (2010)
Use of a stand-alone pressure plate for the objective evaluation of forelimb symmetry in sound ponies at walk and trot
Equine Vet. J. 183, 305-309

PAYNE, R. C., P. VEENMAN und A. M. WILSON (2004)
The role of the extrinsic thoracic limb muscles in equine locomotion
J. Anat. 205, 479-490

PAYNE, R. C., J. R. HUTCHINSON, J. J. ROBILLIARD, N. C. SMITH und A. M. WILSON (2005)
Functional specialisation of pelvic limb anatomy in horses (Equus caballus)
J. Anat. 206, 557-574

PEINEN, K. VON, WIESTNER, T., BOGISCH, S., ROEPSTORFF, L., WEEREN, P.R. VAN u. WEISHAUPT, M.A. (2009)
Relationship between the forces acting on the horse's back and the movements of rider and horse while walking on a treadmill
Equine Vet. J. 41, 285-291.

PERINO, V. V., C. E. KAWCAK, D. D. FRISBIE, R. F. REISER und C. W. MCLLWRAITH (2007)
The accuracy and precision of an equine in-shoe pressure measurement system as a tool for gait analysis
J. Equine Vet. Sci. 27, 161-166

PFAU, T., ROBILLIARD, J.J., WELLER, R., JESPERS, K., ELIASHAR, E. und WILSON, A. M. (2007)
Assessment of mild hindlimb lameness during over ground locomotion using linear discriminant analysis of inertial sensor data
Equine Vet. J. 39, 407-413

PRATT, Jr. G. W und Jr. J. T O´CONNOR (1976)
Force plate studies of equine biomechanics
Am. J. Vet. Res. 37, 1251-1255

RATZLAFF, M. H. und B. D. GRANT (1986)
The use of electrogonimetry and cinematography in the diagnosis and evaluation of forelimb lameness
Proc. Am. Ass. Equine Pract. 31, 183-198

RICARDI, G. und DYSON, S. (1993)
Forelimb lameness associated with abnormalities of the cervical vertebrae
Equine Vet. J. 25, 422-426

REITVORSCHRIFT VON 18.8.1937; H. DV 12 (1983)
Verlag Mittler & Sohn, Herford

RHODIN, M., C. JOHNSTON, K. R. HOLM, J. WENNERSTRAND und S. DREVEMO (2005)
The influence of head and neck position on kinematics of the back in riding horses at the walk and trot
Equine Vet. J. 37, 7-11

RHODIN, M. (2008)
A biomechanical analysis of relationship between the head and neck position, vertebral column and limbs in the horse at walk and trot
Uppsala, Swedish University of Agricultural Science, Diss

RHODIN, M., C. B. GÓMEZ ÁLVAREZ, A. BYSTROM, C. JOHNSTON, P. R. VAN WEEREN, L. ROEPSTORFF und M. A. WEISHAUPT (2009)
The effect of different head and neck positions on the caudal back and hindlimb kinematics in the elite dressage horse at trot
Equine Vet. J. 41, 274-279

RIEMERSMA, D. J., H. C. SCHAMHARDT, W. HARTMAN und J. L. LAMMERTINK (1988a)
Kinetics and kinematics of the equine hind limb: in vivo tendon loads and force plate measurements in ponies
Am. J. Vet. Res. 49, 1344-1352

RIEMERSMA, D. J., A. J. VAN DEN BOGERT, H. C. SCHAMHARDT und W. HARTMAN (1988b)
Kinetics and kinematics of the equine hind limb: in vivo tendon strain and joint kinematics
Am. J. Vet. Res. 49, 1353-1359

ROBERT, C., F. AUDIGIE, J. P. VALETTE, P. POURCELOT und J. M. DENOIX (2001)
Effects of treadmill speed on the mechanics of the back in the trotting saddlehorse
Equine Vet. J. Suppl. 33, 154-159

ROEPSTORFF, L., C. JOHNSTON, S. DREVEMO und P. GUSTÅS (2002)
Influence of draw reins on ground reaction forces at the trot
Equine Vet. J. Suppl. 34, 349-352

ROEPSTORFF, L., A. EGENVALL, M. RHODIN, A. BYSTROM, C. JOHNSTON, P. R. VAN WEEREN und M. WEISHAUPT (2009)
Kinetics and kinematics of the horse comparing left and right rising trot
Equine Vet. J. 41, 292-296

ROGERS, C.W. u. BACK, W. (2003)
Wedge and eggbar shoes change the pressure distribution under the hoof of the forelimb in the square standing horse
J. Equine Vet. Sci. 23, 306-309.

SCHAMHARDT, H. C., H. W MERKENS, und G. J. V. M VAN OSCH (1991)
Ground reaction force analysis of horses ridden at the walk and trot
Equine Ex. Phys. 3, 120-127

SCHAMHARDT, H. C., A. J. VAN DEN BOGERT und W. HARTMAN (1993)
Measurement techniques in animal locomotion analysis
Acta Anat. 146, 123-129

SHA, D. H., D. R. MULLINEAUX und H. M. CLAYTON
Three-dimensional analysis of patterns of skin displacement
over the equine radius
Equine Vet. J. 36, 665-670

SLEUTJENS, J., SMIET, E., VAN WEEREN, P.R., VAN DER KOLK, J.H. und BACK, W. (2009)
Effect of head and neck position on intrathoracic airway resistance and arterial blood gas values.
In: Abstracts of the 4th World Equine Airway Symposium, Berne.

SLEUTJENS, J., G. VOORHOUT, J. H. KOLK VAN DER, I. D. WIJNBERG und W. BACK (2010)
The effect of *ex vivo* flexion and extension on intervertebral foramina dimensions in the equine cervical spine
Equine Vet. J. Suppl. 38, 425-430

SLIJPER, E. J. (1946)
Comparative biologic- anatomical investigations on the vertebral column and spinal musculature of mammals
Proc. K. Ned. Acad. Wetensch. 42, 1-128

STEINBRECHT, G. (1886)
Systematische Dressur des Pferdes
In: STEINBRECHT, G. (Hrsg.): Gymnasium des Pferdes (2004)
FNverlag der Deutschen Reiterlichen Vereinigung GmbH, Warendorf

STADLER, P. (2010)
Schmerzen und Leiden beim Pferd
Vortrag, DVG Kongress Hannover

STODULKA, R. (2006)
Biomechanische Grundlagen als Basis eines erfolgreichen Trainings
In: STODULKA, R. (Hrsg.): Medizinische Reitlehre
Paul Parey Verlag, Stuttgart

TOWNSEND, H: G. G, LEACH, D. H. und P.B. FRETZ (1983)
Kinematics of the equine thoracolumbar spine
Equine Vet. J., 15, 117-122

VOGT, L., K. PFEIFER und W. BANZER (2002)
Comparison of angular lumbar spine and pelvis kinematics during treadmill and overground locomotion
Clinical Biomechanics 17, 162-165

WALDERN, N. M., T. WIESTNER, K. VON PEINEN, C. G. GÓMEZ ÁLVAREZT, L. ROEPSTORFF, C. JOHNSTON, H. MEYER und M. A. WEISHAUPT (2009)
Influence of different head-neck positions on vertical ground reaction forces, linear and time parameters in the unridden horse walking and trotting on a treadmill
Equine Vet. J. 41, 268-273

WARNER, S. M., T.O. KOCH und T. PFAU (2010)
Inertial sensors for assessment of back movement in horses during locomotion over ground
Equine Vet. Suppl. 38, 417-424

WEEREN, P.R. VAN, BOGERT, A.J. VAN DEN u. BARNEVELD, A. (1988)
Quantification of skin displacement near the carpal, tarsal and fetlock joints of the walking horse
Equine Vet. J. 20, 203-208

WEEREN, P. R. VAN (1990)
Movement analysis in the horse with special attention for the problem of skin displacement
Tijdschr. Diergeneeskd. 115, 1190-1196

WEEREN, P. R. VAN, A. J. VAN DEN BOGERT und A. BARNEVELD (1990a)
Quantification of skin displacement in the proximal parts of the limbs of the walking horse
Equine Vet. J. Suppl. 22, 110-118

WEEREN, P. R. VAN, A. J. VAN DEN BOGERT u. A. BARNEVELD (1990b)
A quantitative analysis of skin displacement in the trotting horse
Equine Vet. J. Suppl. 22, 101-109

WEEREN, P. R. VAN, VAN DEN BOGERT, A.J. und BARNEVELD, A. (1992)
Correction models for skin displacement in equine kinematic gait analysis
Equine Vet. Sci. 13, 178-192

WEEREN, P.R. VAN (2001)
History of Locomotor Research.
In: Equine Locomotion, Hrsg. H. CLAYTON u. W. BACK
Verlag W.B. Saunders, Philadelphia, London. S.1-35

WEEREN, P. R. VAN (2004)
Structure and biomechanical concept of the equine back
Pferdeheilkunde 20, 341-348

WEEREN, P. R. VAN (2008)
The effect of different head and neck positions on the motion pattern of the horse
In: Spezialheft " Ausbildung von Pferden vom Boden aus" im Rahmen der 25. FFP-Fortbildungsveranstaltung zur Pferdegesundheit in Münster 2008

WEISHAUPT, M. (2001)
Beurteilung von Pferden mit Rückenproblemen auf dem Laufband
Congrés de médecine et chirurgie équine, Genéve

WEISHAUPT, M. A., H. P. HOGG, T. WIESTNER, J. DENOTH, E. STUSSI und J. A. AUER (2002)
Instrumented treadmill for measuring vertical ground reaction forces in horses
Am. J. Vet. Res. 63, 520-527

WEISHAUPT, M. A., T. WIESTNER, H. P. HOGG, P. JORDAN und J. A. AUER (2004)
Vertical ground reaction force-time histories of sound Warmblood horses trotting on a treadmill
Equine Vet. J. 168, 304-311

WEISHAUPT, M. A., T. WIESTNER, K. VON PEINEN, N. WALDERN, L. ROEPSTORFF, R. VAN WEEREN, H. MEYER und C. JOHNSTON (2006)
Effect of head and neck position on vertical ground reaction forces and interlimb coordination in the dressage horse ridden at walk and trot on a treadmill
Equine Vet. J. Suppl. 38, 387-392

WEISHAUPT, M.A., MUSTERLE, B., BERTOLLA, R., WEHRLI, S., GEYER, H., WAMPFLER, B., JORDAN, P., KUMMER, M., AUER, J.A. u. FÜRST, A. (2006a)
The art of horseshoeing - between empiricism and science
Schweiz. Arch. f. Tierheilkd. 148, 64-72.

WEISHAUPT, M. A., A. BYSTROM, K. VON PEINEN, T. WIESTNER, H. MEYER, N. WALDERN, C. JOHNSTON, R. VAN WEEREN und L. ROEPSTORFF (2009)
Kinetics and kinematics of the passage
Equine Vet.J. 41, 263-267

WEISHAUPT, M. A., H. P. HOGG, J. A. AUER und T. WIESTNER (2010)
Velocity-dependent changes of time, force and spatial parameters in Warmblood horses walking and trotting on a treadmill
Equine Vet. J. 42, 530-537

WEITKAMP, K. (2003)
Orthopädische Belastungen und Schäden beim Sportpferd
Pferdeheilkunde Forum -2003; 19 (4): 428 – 429.

WIJNBERG, I.D., SLEUTJENS, J., VAN DER KOLK, J.H. und W. BACK (2010)
Effect of head and neck position on outcome of quantitative neuromuscular diagnostic techniques in Warmblood riding horses directly following moderate exercise
Equine Vet. J. Suppl. 38, 261-267

WHITWELL, K. E. (1980)
Causes of ataxia in horses
Vet. Rec. Suppl. In Prac. 2, 17-24

ZSCHOKKE, E. (1892)
Untersuchungen über das Verhältnis der Knochenbildung zur Statik und Mechanik des Vertebratenskeletts
Zürich, Diss.

Danksagung

Herrn Prof. Dr. P. Stadler sei herzlich für die Überlassung dieses sehr interessanten, in der Pferdemedizin und dem Reitsport wichtigen Themas, die jederzeit gewährte Unterstützung und die Anregungen während der Anfertigung dieser Arbeit gedankt.

Mein großer Dank geht an Dr. Karl Rohn vom Institut für Biometrie, Epidemiologie und Informationsverarbeitung für die allzeit geleisteten Hilfestellungen bei der Bearbeitung der riesigen Datenmengen und der statistischen Auswertung.

Den Mitarbeitern der Firma Simi sowie der Savecomp Megascan GmbH sei herzlich für die geduldige und schnelle Hilfe bei technischen Problemen jeglicher Art gedankt!

Ein weiteres großes Dankeschön geht an die Polizeireiterstaffel Hannover für die Bereitstellung der Pferde.

Danke, Ines, Maren und Claudia für die hilfsbereite, konstruktive und tatkräftige Unterstützung während der Anfertigung dieser Arbeit.

Dr. A. ich danke Dir für Dein stets offenes Ohr, die lieben und aufmunternden Worte und Deine Fröhlichkeit.

Sascha- mein Germanist des Vertrauens: Ich danke Dir von ganzem Herzen. Es leben die zwei Buchstaben und das Satzzeichen.

Hanni, Kimi, Lieschen, Stephie, Maria und Lea: DANKE für den unglaublichen Support!!!!!!!

Danke Martin für deine von Liebe und Vertrauen getragene, bedingungslose und jederzeit gewährte Unterstützung!

Mein ganz besonderer Dank gilt meiner einzigartigen und wundervollen Familie, ohne deren unermüdliche liebevolle Unterstützung diese Arbeit nicht möglich gewesen wäre!!!!!! Ich umarme Euch.

Mein besonderer Dank gilt der Stiftung Gestüt Fährhof für die materielle Unterstützung, die die Durchführung dieser Arbeit ermöglicht hat.